北方工业大学RL ncut研究站学术论文系列

微气候适应性城市

北京城市街区绿地格局优化方法

杨 鑫 段佳佳 著

U0391533

中国建筑工业出版社

图书在版编目（CIP）数据

微气候适应性城市　北京城市街区绿地格局优化方法／杨鑫，
段佳佳著. —北京：中国建筑工业出版社，2017.11
　　ISBN 978-7-112-21170-8

　　Ⅰ. ①微… Ⅱ. ①杨… ②段… Ⅲ. ①城市绿地－绿化规划－研
究－北京 Ⅳ. ①TU985.21

　　中国版本图书馆CIP数据核字（2017）第216063号

　　本书围绕绿地格局优化对北京城市街区绿地格局的微气候进行了分析研究，从夏季微气候环境的角度考虑，对五个街区进行了实测并运用ENVI-MET城市微气候模拟软件进行了验证分析。对三种典型的格局类型的微气候进行模拟，着重分析其温度、相对湿度、风速。通过对各种格局类型的模拟结果进行分析，结合横向、纵向的数据与模拟图像对比，最后结合模拟分析结果归纳出北京城市街区五种绿地格局的微气候环境特征，针对不同绿地格局提出优化策略。本书适用于城市设计、建筑设计、园林景观设计、环境设计等相关专业从业者及在校师生阅读。

责任编辑：唐　旭　张　华
责任校对：李美娜　王　烨

微气候适应性城市

北京城市街区绿地格局优化方法

杨　鑫　段佳佳　著

*
中国建筑工业出版社出版、发行（北京海淀三里河路9号）
各地新华书店、建筑书店经销
北京锋尚制版有限公司制版
北京方嘉彩色印刷有限责任公司印刷
*
开本：787×1092毫米　1/16　印张：8¾　字数：201千字
2018年1月第一版　2018年1月第一次印刷
定价：68.00元
ISBN 978 - 7 - 112 - 21170 - 8
　　　　　（30815）

持续的城市扩张挑战了人类社会发展和生态保护需求，随之产生的城市生态问题受到关注。城市微气候是人类生存环境、城市生态环境的重要构成部分，适宜的规划与设计是改善微气候环境的基础。本书以城市夏季微气候为切入点，旨在通过梳理相关城市微气候与绿地格局的理论研究，结合北京城市街区绿地格局的调研、归纳整理，并运用城市微气候环境模拟软件ENVI-MET对微气候实测数据进行验证分析，探讨北京城市街区绿地格局对于城市夏季微气候的影响，研究不同的绿地格局类型分别营造的夏季微气候环境特征，最后运用软件模拟的方法提出基于微气候改善的绿地格局优化策略。

通过对北京城市街区的调研，整理归纳出北京城市街区绿地格局的类型与特征，并分析影响其形成的因素，得到五种街区绿地格局类型，即绿化围合型、建筑围合型、平行型、穿插型、混合散布型。实测与模拟表明，在北京的夏季7~8月，在同一时间处于不同绿地格局的各个测量点的温度变化有所差别，建筑围合型绿地受到建筑阴影的影响最大；平行型绿地、绿化围合型绿地对温度的上升有缓释作用；混合散布型绿地受到建筑阴影干扰最少，但温度上升的过程最快；穿插型绿地格局的降温程度优于平行型和绿化围合型。在相对湿度方面，绿化围合型绿地的相对湿度明显高于其他类型；建筑围合型受到建筑阴影、通风效果差的影响，不利于降温增湿；平行型绿地通风效果好，对于场地内的湿度稳定有影响；散布型、穿插型绿地由于绿地分散，不利于增湿。在风速方面，风速和建筑排布关联性强，建筑之间形成了速度相对平稳的峡谷风，建筑两端风速明显提高。

针对平行型、建筑围合型、绿化围合型三种典型绿地格局内部模式变化的模拟结果对比与分析，提出相应的街区绿地格局优化策略。在进行绿地格局的选择上，应选择通风好的绿地类型。建筑围合型的绿地，公共空间处于封闭状态，阻碍了风进入场地，致使场地内部通风效果差，因而造成了活动场地温度过高、相对湿度低的现象。其次，场地要保证绿化量，绿化对于温湿环境、风环境的调节作用明显；结合夏季主导风向和建筑布局形式，合理设置步行道、铺装场地的位置，保证场地的通风，促进场地内部气流交换；最后，在场地北侧设置水体，水体能够弥补风速提高所流失的湿度，但水体自身也有温湿效应，距离活动场地应有一段距离，这样在调节场地整体微气候环境的同时，能够保证降低水体自身对环境所带来的湿热感。

目　录

第一章

研究视角

1.1 气候与城市

  城市的不断建设会提高城市居民的生活品质，同时也带来弊端，形成不舒适的居住环境，甚至改变一座城市的局部气候。早在1818年，卢克·霍华德所撰写的《伦敦气候》中提到：英国首都伦敦的平均温度大约是在48.50华氏度，在受到人为废热排放量、生活生产需求和人口过密等情况的影响后，致使温度上升，最大可达50.50华氏度[1]。中国城市化正处于快速发展过程中，1950年中国人口约为5.45亿，其中只有12%的人口居住在城市，到了20世纪末，人口超过12亿，近36%的人口居住在城市区域[2]。尽管快速城市化为人类的生活带去了舒适与便利，但由于基础设施和城市建设方面缓慢，从而带来了诸多环境问题（图1-1）。

图1-1 城市化问题

  北京市作为国家的城市中心、政治中心、文化中心和科技创新中心，同时也是一座超大城市。2015年末，北京的常住人口已经高达2170.5万人，早已超过人口规模控制量1800万人的目标[3]。北京位于华北平原西北部，背靠燕山，地处山地与平原的过渡带，东北、北、西三面环山，山地约占62%，平原占38%。北京的气候属于典型的半湿润半干旱季风性气候，由于全球变暖和城市热岛等问题的加剧，再加上北京地处冷暖空气的交汇地带，北京夏季降水量增大，而干旱、暴雨、大风、冰雹等灾害性气象也频繁发生。

  城市的不断扩容，导致城市规划趋向于高密度高容积率的城市规划，因而导致产生了许多一、二线城市过度集中的人口和交通，北京尤为突出。人类生活的城市空间环境中充斥着大量工业、人为活动所产生的二氧化碳等温室气体，这些气体不仅会导致众多城市灾害性气候问题的产生，例如城市热岛效应、雾霾，还会使人们产生众多城市疾病。20世纪50年代以来，受到全球城市化问题影响，全球城市的平均温度持续增长，较半个世纪之前增长了0.5~5.5℃[5]。1989年北京的热岛强度为2.0℃以上，主要集中在中心城区、海淀区中南部、丰台北部和石景山部分地区，数据表明，北京36年来热岛效应呈现强度逐渐增强、面积逐渐增大的趋势，2000~2005年热岛强度最大达2.11℃[6]。近年来北京城市地区酷暑难耐，城市病发病率逐渐提高，并且年轻化趋势也在升高。舒适的城市街区环境在北京等一、二线城市显得越发重要。

1.2 街区绿地格局与微气候研究缘起

城市街区是构成城市的基本构成单元[8]，是人类生活、娱乐、活动的主要场所。城市绿地是城市下垫面中最为接近自然的元素，具有固碳释氧、降温增湿、滞尘减噪以及保护生物多样性等多种生态功能[1]。人们对于城市建设用地的功能需求不断增多，绿地如何利用有限的面积影响及改善城市街区微气候，是提高城市绿地在城市生态环境中生态效益的关键问题。随着人们对于居住环境要求的逐步提高，可持续的设计原则也在各个设计领域中得到了体现，但对于绿地的设计，不论是商业街区、居住街区还是混合使用街区，多数从经验和形式的角度出发，对于城市街区绿地格局与夏季微气候的关系并没有进行深入探索。

本书以城市夏季微气候为切入点，旨在通过梳理相关城市微气候与绿地格局的理论研究，结合北京城市街区绿地格局的调研、归纳整理，并运用城市微气候环境模拟软件ENVI-MET对微气候实测数据进行验证分析，探讨北京城市街区绿地格局对于城市夏季微气候的影响，研究不同的绿地格局类型分别营造的夏季微气候环境特征，最后运用软件模拟的方法提出基于微气候改善的绿地格局优化策略。经过本书的研究希望能够达到以下目的：

（1）了解北京城市街区的微气候环境状况，主要研究夏季热环境、风环境总体状况。在此基础上，探讨北京城市街区绿地在这种气候环境背景条件下，如何优化绿地的设计从而形成舒适的夏季微气候环境。

（2）了解北京城市街区绿地格局的特点，分析不同类型绿地格局形成的原因及影响因素，并对北京城市街区绿地格局进行类型划分，在此基础上进行ENVI-MET城市微气候数值模拟。

（3）通过对各种绿地格局类型的城市微气候数值模拟，结合实测温度、湿度等夏季微气候环境数据，科学验证总结不同绿地格局类型夏季微气候环境的特征。

（4）目前城市环境污染越来越严重，对特大城市绿化环境的要求也就越来越高，同时也就出现了众多设计问题，诸如像绿地结构的不合理、乔灌草木比例不均衡等[84]，绿地生态功能的作用受到这些问题的影响，进而削弱了其生态作用的发挥。因此在有限的绿化空间内，如何结合城市街区的绿地格局并改善夏季微气候的营造成为本研究的重点解决问题。

通过对不同街区绿地格局的夏季微气候实测，得到不同绿地格局在北京夏季7~8月的温度、湿度、风速、太阳辐射等气候因素的变化特征，从而提出街区绿地对夏季微气候影响的作用机理，推动相关理论研究的发展。结合ENVI-MET城市微气候数值模拟的方法能够更科学地控制变量，直观地表达绿地格局与气候因素变化的相互关系。实测与模拟相结合，能够相互印证，打破单一方法研究的局限性，保证了实测与模拟结论规律的可靠性。

1.3 微气候视角下的城市街区绿地格局研究

1.3.1 城市街区绿地

街区这一词一般被认为是一个舶来词汇，是从英文的"block"直接翻译过来的[27]，本书对于城市街区的界定是街区是由城市道路、绿化、河流等边界划分的城市范围，具有一定的轮廓范围，就是组成城市与居民生活的基本单元[8][12]。城市街区绿地则是在街区内具有一定面域的绿化地块。

1.3.2 街区微气候

气候是由作用于一个区域范围内的太阳辐射、大气环流和地理环境长期作用的结果，是大气物理性能在长时间内显示出的环境特征。世界气象组织（WMO）规定，通过气象参数数据的统计分析确定一个区域内的气候特性的最短统计时间时长是 30 年[13]。按照大气统计平均状态的影响和空间尺度，可将气候分为大气候和微气候两大类。大气候指的是较大地区范围内各地所具有的带有共性特点的气候状况，微气候指的是小范围内因受各种局部因素的影响而形成的和大气候特点不同的气候，把介于微气候和地区气候中间的气候称为中气候（表 1-1）[1][13]。

气候空间尺度表 表1-1

气候类型	气候的空间尺度		时间范围
	水平范围（km）	竖向范围（km）	
大气候	2000	3~10	1~6个月
中气候	500~1000	1~3	1~6个月
局地气候	1~10	0.01~1	1~6个月
微气候	0.1~1	0.01	24小时

微气候（Microclimate）是指由下垫面的某些构造特征所引起的近地面大气中和上层土壤中的小范围气候[14]。L. J. Batten认为微气候的范围主要是指从地面到10~100m高度空间内的气候[14]，而这一层级正是人们生活和植物生长的尺度范围。城市微气候是包括温度、水、大气、光和热等气象要素的气候环境，是众多物种包括人类生存的主要空间，城市微气候的变化会对人类的生活、生产等行为产生深远的影响[15]（图1-2）。

无论是建筑学者、景观设计师还是气候学专家，在关注城市气候及其影响因素时，阐明影响城市气候的维度涉及水平和垂直两个空间尺度。水平方向上，扬·盖尔将城市区域划分为三种气

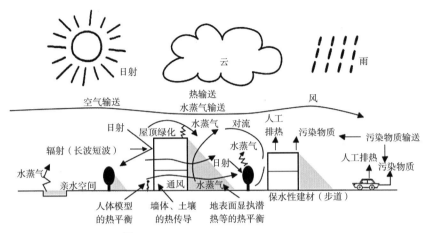

图1-2　微气候空间尺度[13]

候尺度，关注建筑物、树、道路、街道等设计元素对气候的影响；关注地形对气候影响的地方尺度；关注整个城市地区的天气和气候的宏观尺度[16][17]。垂直方向上，Oke T R根据气温、湿度条件与周边空间的差异，将城市大气环境分为城市冠层（其气候变化受到周边建筑表层材料影响）和城市边界层。城市冠层指从地面到建筑物屋顶的大气，其边界范围随建筑高度的不同而变化[18]，也就是说空间布局上的差别对气候具有影响。

　　Ooka总结了城市气候的相关尺度，从人的个体尺度到整个城市区域[18]，本书所研究的空间范围是在城市冠层，研究尺度为街区尺度的范围，该层面会具有城市空间布局变化下的夏季微气候环境特征（图1-3）。

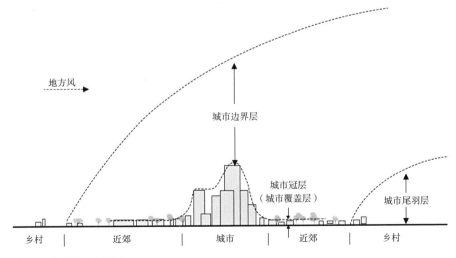

图1-3　街区尺度范围[16]

1.3.3 街区绿地格局

城市绿地作为城市复杂生态系统中一个重要的因素，不仅是人们生活、娱乐、休闲的场所，也是体现城市生物多样性的一个标志。景观设计中的各个要素所构成的景观格局对生态系统的平衡、优化环境和改善城市微气候等方面均有不同程度的影响，对城市微气候的调节具有重要的影响关联[19]。

城市绿地格局是指在城市全部绿地范围内由各个部分组成的稳定结合的一种空间表现形式，不同面积、形态、构成的斑块则在很大程度上影响和改善着绿地结构[20]。街区绿地格局可以看作是在城市绿地格局的基础上，街区尺度范围内的各个斑块、基质和廊道所构成的绿地结构。这里所说的绿地格局指的不仅是平面布局上，还有垂直空间。对于北京等超大城市来说，该尺度上的绿地格局优化研究对改善城市微气候有着重要作用[21][22]。

1.4 国内外相关研究概况

1.4.1 城市街区及类型

苏伟忠、王发曾、杨英宝在城市开放空间的空间结构研究中提到，根据英国的特莫在伦敦长期规划研究总结出六种开放空间模式（图1-4），分别是：单一的中心空间、分散的空间、不同等级规模的空间、典型的绿地绿带空间、相互连接的公园体系、可供城市步行空间的网络[23][24]。

邵大伟在其《城市开放空间格局演变、机制及优化》中所归纳到开放空间还可以按照城市空间形态、用地类型和人类影响程度来划分类型。开放空间的分类可以分为点状开放空间、带状开放空间、块状开放空间、网络状开放空间（图1-5）。点状开放空间主要是一些小型开放空间，比如面积较小的广场、街头绿地等；带状空间可以归纳为带状公园、沿河绿带、道路绿地、环湖绿地等形式的绿地；块状开放空间是指城市广场、公园等面积较大的空间形式；网络状开放空间是指由各类空间相互连接起来的形式[25]。

肖亮在《城市街区尺度研究》中提到空间是由建筑实体围合而成，而我们所研究街区的构成元素，就是街区内所有建筑实体的构成。因此街区建筑实体组合的方式主要有以下五种，分别是：密排式、行列式、周边式、点群式、混合式[8]（图1-6）。

刘术国在他所研究的大连典型城市街谷热环境与形态设计中就引用了20世纪70年代英国剑桥大学对英国城市所做的城市建筑空间几何形态归纳进行了研究，这一形态特征成为欧洲等典型城市在研究城市开放空间特征的基本原型[25]（图1-7）。

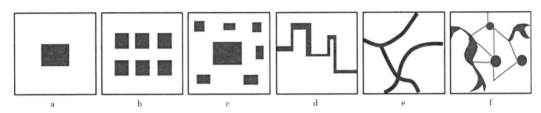

图1-4 开放空间模式[87]

a.单一中心空间 b.分散空间 c.不同等级规模的空间 d.典型绿地绿带空间 e.相互连接公园体系 f.城市步行空间网络

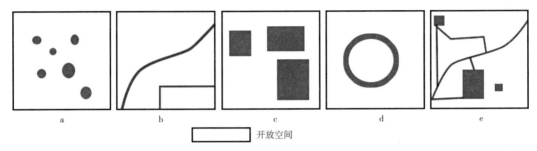

开放空间

图1-5 开放空间在城市中的形态类型[25]

a.点状开放空间 b.带状开放空间 c.块状开放空间 d.块状开放空间 e.网状开放空间

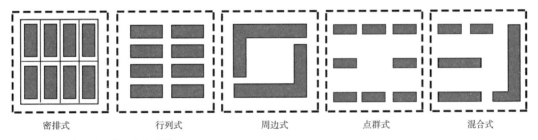

密排式　　　　行列式　　　　周边式　　　　点群式　　　　混合式

图1-6 街区内建筑实体组合方式[8]

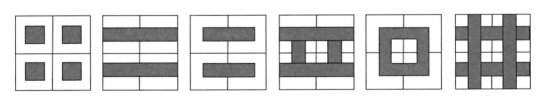

图1-7 城市建筑几何形态[25]

　　王振在其博士论文《夏热冬冷地区基于城市微气候的街区层峡气候适应性设计策略研究》中则明确归纳总结出了城市街区内的基本布局大致分为四种类型，分别是：行列式、围合式、点式与混合式[26]（图1-8）。王卫红则在《城市型居住街区空间布局研究》中归纳出城市开放空间的三种典型空间结构类型，分别是带状连接式布局、中心放射式布局、网格状街区式布局[27]。通过对上述文章内所提到的城市开放空间布局形态与街区布局形态的归纳总结，对之后北京城市街区绿地格局的分类具有参考性意义。

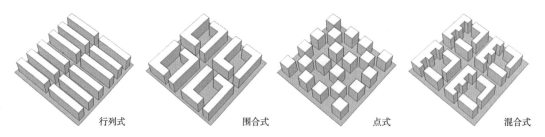

行列式　　　　　围合式　　　　　点式　　　　　混合式

图1-8 城市街区内基本布局类型[26]

1.4.2 绿地格局与微气候相关研究

绿地格局是指不同形态特征的景观元素，在一定空间范围内的类型、数目及空间分布和配置，不同的绿地格局是各种景观生态过程中不同尺度上作用的结果[28]。城市绿地是研究城市绿地景观结构和功能的基础，而不同的绿地格局对景观的作用、功能差别很大，因而对于绿地格局的量化研究有助于对城市景观格局优劣进行评估[29]。目前对于城市景观格局的研究多集中在指数研究、结合GIS或ENVI等地理信息技术所做的可达性、连通性研究。

目前对于绿地减缓热岛效应的相关研究显示，例如Givoni所研究的以色列海法的Biniamin公园对其外围20~50m之间的空气温度具有明显的冷却作用，也就是说绿地的面积越大，对温度的影响作用越明显，这说明公园绿地对城市热岛现象具有缓解作用[30]。Jauregui在对墨西哥城的Chapultepee公园进行了绿地减缓热岛效应的研究中同样发现，公园在半径2km之内的空气温度影响明显[30]，由此我们看到城市绿地斑块对于空气温度的升高具有缓释作用，即绿地斑块面积越大，效果越好。

城市绿地微气候的相关研究可总结为针对不同尺度的研究[89]，包括宏观尺度的城市区域景观格局气候变化研究；中观尺度的城市片区内微气候研究；微观尺度的绿地植被水体等微气候调节作用研究。

宏观层面的城市绿地结构与微气候研究：由于近年来遥感反演地表参数的技术已经相对成熟，为研究较大范围绿地结构与微气候环境提供了有利的技术支持。岳文泽、钱乐祥等人通过遥感和GIS空间分析的方法研究发现，陆地表面温度和植被指数具有明显的相关性[31][32]。Simon、Jeffrey等人也得出相似结论。蔺银鼎等人利用绿地生态场原理研究了城市绿地空间结构的微气候差异[34]。徐丽等人研究了城市绿地景观格局指数与微气候之间的关联[35]。刘艳红等人利用计算机流体力学（CFD）数值模型的方法研究了城市绿地结构与城市热环境效应的关系[36]。冯海霞、程好好等人分别使用TM遥感影像研究了城市绿地的降温效应。中观尺度的城市绿地微气候研究广泛，主要针对不同类型绿地研究。国内学者蔺银鼎、李建龙等人对城市绿地的微气候调节作用研究成果显著[37]。绝大部分研究都是基于传统实地观测方法对多个采样点进行同步采样，进而研究绿地特征参数与绿地微气候环境效应的关系。刘滨谊、曹丹等人研究了不同类型的城市开放空间微气候环境与人体舒适度情况,并对上海不同类型的开放空间进行了基础调研和比较[38]。

除此之外,关于城市绿地定点研究也取得了大量成果。Wong N等人拍摄了新加坡国立大学的卫星图片,并对其进行实测数据,再结合计算机模拟等方法研究了绿化对微气候的影响[39]。在首尔CBD的一个公园,Lee SH等人研究了公园绿地对CBD街区的微气候环境影响,结合选取的固定测量点,对比流动测量点数据的方法发现其对街区的影响受到不同尺度景观要素的影响[40]。Chen Y等人发现公园绿地具有明显的降温作用,于是分别测量了新加坡武吉巴督天然公园和金文泰森林公园及其周边的空气温度与湿度,比较其变化特征[41]。

综上所述,在研究对象上,宏观城市尺度下的气候研究是过去研究的重点范围。而近年来,研究重点已从城市区域热环境转为局部热环境。研究方法在宏观尺度上主要是气候区遥感技术、GIS平台技术相结合等,对尺度较小的研究主要采用定点测量、计算机数值模拟方法。关于城市绿地微气候中观尺度的研究更多关注不同类型绿地的微气候影响,但缺少对街区尺度绿地格局参数对微气候调节作用的深入研究。绿地格局参数与微气候关联的研究,关注城市街区尺度内的绿地分布、绿地结构、绿地构成和绿地功能等,与宏观层面研究相比能够更具体地得到绿地改造方案。

1.4.3 ENVI-MET与微气候模拟相关研究

国际上关于室外微气候模拟的相关研究早在20世纪70年代就已经开始。20世纪70年代美国就有学者利用计算机模拟技术[42]、CFD技术对城市室外微气候、风环境[43]进行了研究比较;美国卡耐基梅隆大学建筑性能研究中心、德国弗莱堡大学均进行了室外热环境的计算机数值模拟,并与实测相对比研究[44];悉尼大学建筑与环境学院的Trevo Lee等人、新南威尔士大学的可持续建筑环境中心,都研究了在改善建筑能源有效运用上改善城市设计环境的研究[45];日本东京大学对城市环境的资源保护方面的做了相关的模拟实测研究[46];新加坡国立大学N.HONG等则通过CFD技术模拟改变城市街道和建筑群几何尺度对城市热岛效应的影响[47]。

热环境的模拟也根据研究范围划分为不同尺度的模拟。包括城市(中尺度)模拟和街区、建筑尺度的模拟[48]。20世纪80年代初期,模拟热环境的尺度从大区域因素逐渐向研究城市内部因素发展,但由于信息技术发展有限,不能完全模拟出环境的所有条件,空气流动、地表水汽流通等作为可以模拟的选项。发展至20世纪90年代,计算机模拟技术发展更加细致和全面,便出现了众多可以应用于各种环境模拟的模型,比如CTTC(Cluster Thermal Time Constant)模型,该模型能够模拟计算环境中的空气温度,从建筑物自身的温度能效时间来排除外部干扰[48]。对每一次温度进行叠加分析,最后得到太阳辐射对建筑热能的影响。Bruse 运用 ENVI-MET模型,提出不同下垫面对热环境的影响,分析了不同尺度下下垫面与空气热湿交换作用,以及不同尺度下的环境因素对热环境的影响。Murakami等在传统方法上对计算空气湍流的模型进行了修正补充，采用蒙特卡洛法来计算太阳辐射。Chen Q Y 等在设计建筑室外环境的时候，运用CFD计算机对建筑外围的风速进行模拟，因而在设计过程中着重考虑了风速、风向对热环境的影响[49]。

近年来，随着开放街区政策的提出，已有学者开始将关注点转移至高密度小区微气候环境营造上，并结合计算机模拟技术在规划设计中结合项目应用，优化设计。Yang等集合实测数据和模拟数据对比验证软件在湿热环境下的准确性，并举例说明利用该方法研究不同下垫面对微气候环境的影响来论证[50]。Yahia等通过比较两种街道界面形式对城市热环境的影响，发现不同的界面、景观要素对改善城市夏冬两季的热环境确实产生了作用。对于小区规划设计，汪光焘等人通过对比不同方案模拟结果得到温度、风速、污染物浓度分布等对方案进行评分，最终优化设计[89]。Lahme等则在ENVI-MET中在未设置准确的嵌套网格下，对其进行一定区域内的温度实测与模拟值比较，结果显示该软件在这种情况下仍具备一定的可靠性[50]。

目前国内学者还将ENVI-MET软件应用于研究绿地布局以及构成元素在不同空间形态下对微气候、建筑能耗的影响。例如，宋培豪在对学校两块不同绿地布局进行研究中发现，不同绿地布局下集中式绿地在降温、通风方面优于分散式绿地[13]，并结合ENVI-MET证明了该理论。绿地降温效应同样在Vanessa的研究中得到了验证，但他认为在微观尺度上，植物对小气候的影响比较明显，但对于宏观的城市尺度上改变不大[51]。还有学者研究了屋顶绿化对建筑耗能、人口密集方面的降温作用，例如秦文翠就研究了设置屋顶绿化后对住宅区微气候环境特征的影响，比较在街区尺度上不同建筑空间形态对温度、湿度、风速的影响作用。还有学者则认为不同的绿化模式降温效果不同，高于20m的屋顶绿化效果更为显著[10]。

目前主流的模拟软件主要是ENVI-MET城市微气候模拟软件、CFD基于流体力学模拟软件，在国内外研究领域中都得到了广泛应用。而ENVI-MET不同于CFD软件的优势在于其可以模拟较完整的植物模型，还可以实现对城市风环境的模拟并设定不同类型的污染源，不过在本书研究中未将污染源列入考虑范围，主要探讨绿地格局对城市街区绿地夏季微气候的影响，根据上述研究可以认为ENVI-MET的模拟对绿地格局方面的研究具有一定的可靠性。

第二章

模式解析

——北京城市街区绿地格局分类特征

2.1 北京城市街区绿地格局基础调查

2.1.1 调研对象及范围

（1）北京城市街区概况

北京市作为国家的政治中心、文化中心、国际交往中心和科技创新中心，同时也是一个超大城市，道路总长高达21892km。北京老城区主要是指二环路以内，包括东城区、西城区，城市道路是典型的棋盘式故居，横平竖直。而随着城市的逐渐发展，北京城市建设呈现"摊大饼"式的增长，不仅道路较20年前增长了3倍之多，轨道交通、铁路建设都有所增长。北京市划分有16个行政区，城市常住人口高达2170.5万人。北京的城市街区建设类型丰富，不仅有繁华的商业休闲街区，也有安静舒适的居住街区，丰富的城市功能也造就了北京独特的城市面貌。

（2）调研对象选取

本次研究调研范围主要为北京城市街区（五环内），包含东城区、西城区、海淀区、朝阳区、石景山区和丰台区（图2-1、图2-2）。调研的街区包括商业街区（西单、三里屯、西单、王府井等），商务街区（中关村、金融街、国贸、银河SOHO等），产业街区（总部基地、798），居住街区（世纪城、蒲安里、金鱼池等）、混合街区（大学园区、德胜门、五棵松等）五种（图2-3）。选择以上地点进行调研，首先是为了选择北京典型的各种街区，街区建设已经初具规模，绿地建设完善，绿化类型丰富，对于本书研究街区内不同绿地格局提供了一定的条件。其次，以上街区在同一区域内，涵盖的街区绿地格局类型丰富，有利于对其进行对比分析论证。

图2-1 北京市五环位置

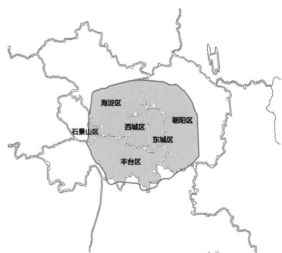

图2-2 五环内城市街区

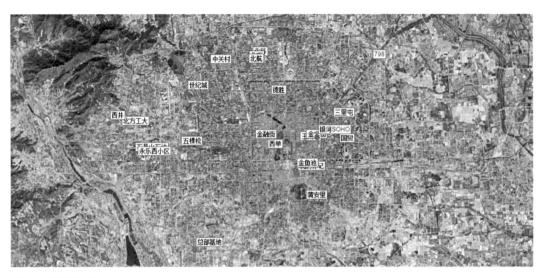

图2-3　调研分布图

2.1.2　调研工具及方法

2.1.2.1　调研工具

（1）数码相机

本研究中调研所用相机用于记录场地基本情况（建筑色彩、建筑材料、建筑层高、铺装材料、场地使用情况），并将现场调研中所拍摄的照片用于街区绿地格局表格汇总使用。

（2）米尺、红外测距仪

在调研中用于测量场地尺度（绿地长度、宽度、建筑高度等）使用，以便记录。

（3）街区绿地调研表

在调研及测量时，填写街区绿地调研表格（表2-1），用于之后汇总北京街区绿地格局归纳和建模存储使用。

街区绿地调研表　　　　　　　　　　　　　　表2-1

街区面积	建筑尺度		绿地种植情况	街区类型	涵盖绿地类型	使用概况
	层高	长宽高				
建筑1 建筑2				商业街区 商务街区 产业街区 居住街区 混合街区	平行型 建筑围合型 绿地围合型 穿插型 散布型	

2.1.2.2 调研方法

本次研究针对北京市五环内典型街区城市街区绿地进行调研，首先运用电子地图进行筛选，挑选出绿地格局特征明显的街区，然后进行二次调研，在二次调研中对街区绿地进行测量、记录、拍照，具体包括绿地边界长度、绿地面积比例、绿化覆盖率、建筑与绿地关系、空间垂直高度、围合程度等，并绘制平面图，对所调研的北京街区绿地格局类型进行归纳总结，形成北京城市街区绿地格局汇总表格。

2.2 详解北京典型城市街区绿地格局特征

2.2.1 石景山区典型街区绿地格局调查

石景山区位于北京市西部地区，坐落于长安街西侧延长线，面积约为84.4km²，因"燕都第一仙山——石景山"而得名，自古就是京西历史文化重镇。该区域内的主要气候特征为暖温带半湿润气候。目前石景山区人口约为64万人。交通畅捷，可达性强。目前行政区内山地面积占23%，城市绿化覆盖率为47.1%。石景山区因地处西部，临靠西山，山林资源丰富，行政区内绿化覆盖率高，人均公共绿地面积目前位于北京城区首位，高达74m²[52]。本书调研了石景山区7处街区，分别为八角北里社区、山姆会员店商业周边、万达商圈、北方工业大学、西山枫林、永乐西小区、中国科学院整形医院（图2-4、表2-2、表2-3）。

八角北里社区　　万达商圈　　永乐西小区　　整形医院

图2-4 石景山区典型街区

石景山区街区绿地汇总表　　　　　　　　　　　　　　　　　　　　表2-2

序号	名称	街区面积（m²）	建筑体量			绿地尺寸		绿地类型	绿化情况
			层数	高度（m）	长宽度（m）	长（m）	宽（m）		
1	八角北里社区	620×340　210800	6	18	55×8	50	8~10	平行型　穿插型　混合散布型	社区内绿地以带状绿地为主，横向宽度平均为8~10m。行道树种植，3m一棵

续表

序号	名称	街区面积（m²）	建筑体量			绿地尺寸		绿地类型	绿化情况
			层数	高度（m）	长宽度（m）	长（m）	宽（m）		
2	山姆会员店	340×250	2	12	230×90	320	3~15	绿化围合型	主体建筑周边为绿化隔离带，内部为点状树种植
		85000							
3	万达	630×330	12	36	55×25	220	2~25	绿化围合型	写字楼周边均为带状绿化、行树道
		201900	18	54	40×40			建筑围合型	一处相对集中的绿地
			20	60	160×120				
4	北方工业大学	550×600	3	12	120×20	100	30	平行型	校园内典型的建筑围合绿地形式的绿地，主要多见于教学楼、图书馆等需要安静一些的楼宇
		330000	12	38	90×15			绿化围合型	
			5	18	120×30			建筑围合型	
			15	45	75×30			混合散布型	
			3	12	50×10			穿插型	
			6	18	50×10				
			3	10	60×12				
5	西山枫林西区	650×200	6	18	80×20	80~100	15~20	平行型	典型的板楼+平行带状绿化，道路通顺、绿地结构简单
		130000							
6	永乐西小区	320×155	6	18	50×10	40~50	3~8	平行型	社区内绿地以带状绿地为主，沿建筑边缘布置，宽度约为3~8m
		49600						建筑围合型	
7	中国科学院整形医院	280×300	2	12	40×30	20~80	10~20	混合散布型	区域内绿地以片、块状绿地为主，不规则散布在区域内
		84000	4	25	45×15				

石景山区街区绿地图底分析 　　　　　　　　　　　　　　　　表2-3

八角北里社区	山姆会员店	万达商圈

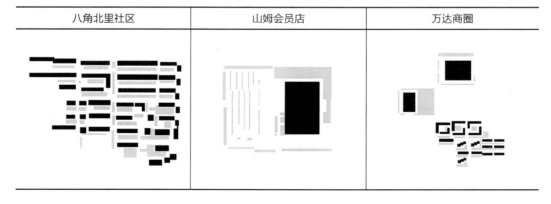

续表

北方工业大学	西山枫林小区	永乐西小区

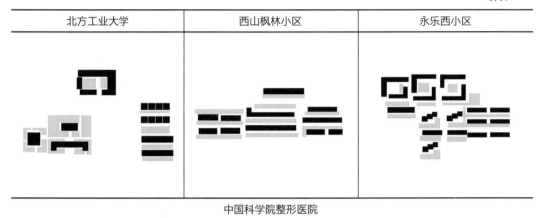

中国科学院整形医院

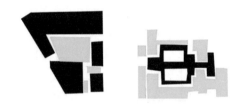

2.2.2 东城区典型街区绿地格局调查

东城区位于北京市中心城区东部，北部、东部临朝阳区，南部与丰台区相接，与西城区相接成为最靠近首都中心的城区之一，与原崇文区合并后成为现在的东城区。经过重新划分区域后，东城区的管辖范围扩大至41.8km²，与西城区共同承担首都核心功能。根据2010年对东城区人口普查与行政区统计结果数据显示，全区常住人口为91.9万人，涵盖17个街道管辖处，共计205个街道社区。由于东城区属于老城区，因此调研的区域选择了黑芝麻胡同，中心地区是以平房为主的胡同居住区域，而外围则是比较新的商业、新居住小区（图2-5、表2-4、表2-5）。

图2-5 东城区典型街区

东城区街区绿地汇总表　　　　　　　　　　　　表2-4

序号	名称	街区面积（m²）	建筑体量			绿地尺寸		绿地类型	绿化情况
			层数	高度（m）	长宽度（m）	长（m）	宽（m）		
1	黑芝麻胡同	230×150	1	3~5				混合散布型	胡同由于道路较窄，绿化以点状树木为主，部分建筑前有绿篱
		34500							
2	金鱼池社区	500×300	4	15	40×15	40~60	15~20	建筑围合型	片状绿地为主，每栋住宅间都会有绿地
		150000	6	20	55×15			平行型	
3	南门仓胡同	240×180	3	10	40×15	35~45	15	建筑围合型	社区内宅间绿地平均宽度为12~15m
		43200	5	16	65×15				
			6	20	65×15				
4	永康社区	280×120	5	16	65×12	40	3~5	建筑围合型	社区内绿地较少，以点状种植和带状种植为主，且绿化维护交叉，多处土地外露
		33600							
5	青年湖社区	280×110	5	15	50×15	120	6~8	平行型	社区内绿地以点状种植树木、块状绿地为主，平均宽度为6m
		30800			80×15			建筑围合型	
6	金宝街	1200×300	16	45	150×70	100	30	建筑围合型	典型的商务街区，建筑主要以酒店、办公写字楼为主。因此绿化主要供给上班人群。绿化较好，具有一定的规模
		360000	7	25	140×50	100	30~45	绿化围合型	

东城区街区绿地图底分析　　　　　　　　　　　　表2-5

黑芝麻胡同	金鱼池社区	南门仓胡同

续表

永康社区	青年湖社区	金宝街
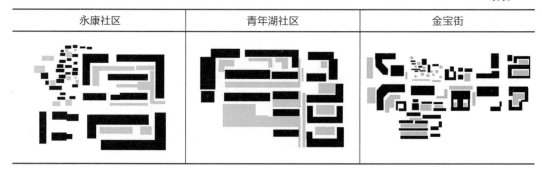		

2.2.3　西城区典型街区绿地格局调查

西城区位于北京市中心城区西部，2010年宣武区并入西城区，成立新西城区，辖区设15个街道、255个社区。全区东西向长7.1km，南北长11.2km，行政区面积约为50.7km²。与东城区共同被重新划分至首都功能核心区中。西城区内不仅有多个知名旅游景点，还是北京公共交通、轨道交通的枢纽中心，像动物园交通枢纽、北京北站都坐落在西城区。中心地区以20世纪60年代的建筑、胡同平房建筑为主，而新建筑则多居于外围，近年来还修建了像国家大剧院这类大型现代建筑，对于传统街区风貌、天际线造成了一定的改变。虽然西城区属于老城区，但丰富的街区类型在这里有很多，因此调研的区域涵盖了商业街区、商混街区，包括西单商业步行街、金融街、德外大街（图2-6、表2-6、表2-7）。

图2-6　西城区典型街区

西城区街区绿地汇总表　　　　　　　　　　　　表2-6

序号	名称	街区面积（m²）	建筑体量			绿地尺寸		绿地类型	绿化情况
			层数	高度（m）	长宽度（m）	长（m）	宽（m）		
1	西单	450×200	5	25	100×100	150	150	建筑围合型	绿地使用率很高，环境好，场地宽阔主要供给购物人群使用，场地中间是树阵广场，但绿荫不够多
		90000	10	30	100×120				
			10	35	80×80				

续表

序号	名称	街区面积（m²）	建筑体量			绿地尺寸		绿地类型	绿化情况
			层数	高度（m）	长宽度（m）	长（m）	宽（m）		
2	金融街	300×200	4	15		最长 350	最宽 95	建筑围合型	绿地主要用途是为周边购物人群休憩使用，绿化条件整体较好
		60000	6	20					
3	德外大街	600×300	15	45	75×65 L型	35	25	建筑围合型	绿地设计铺装与绿植相结合，比较有设计感，是白领休息的好去处。相对楼房尺度，植被还比较小，不能形成绿大荫浓的空间，但使用感、功能性都比较强
		180000	7	20	80×30	120	30	绿化围合型	结合停车设置的几块散布式绿地
			6	18	60×15	65	20	平行型	典型的社区绿地，平行于建筑之间，绿地绿化单一，主要作用是隔离建筑

东城区街区绿地图底分析　　　　　　　　　　　　表2-7

西单	金融街	德外大街

2.2.4　海淀区典型街区绿地格局调查

位于北京市的西北部的海淀区，与石景山区临近，临近西部山区地带，全区环境优美，公园众多，绿化条件也是名列前茅。全区面积为430.8km²，南北方向纵深约30km，东西向最宽可达29km，约占北京市总面积的2.5%。海淀区高校云集，著名的北京大学、清华大学等均位于海淀区。海淀聚集了大批国际国内著名的高新技术企业，因此像中关村步行街这样的街区在海淀区也是非常典型的聚集高新科技产业的街区。主要调研的街区涵盖大学、产业园区和普通住宅社区[53]（图2-7、表2-8、表2-9）。

北京航空航天大学学　　北京林业大学　　中关村步行街　　北京科技大学

图2-7　海淀区典型街区

海淀区街区绿地汇总表　　　　　　　　　　表2-8

序号	名称	街区面积（m²）	建筑体量			绿地尺寸		绿地类型	绿化情况
			层数	高度(m)	长宽度(m)	长(m)	宽(m)		
1	远大路社区	580×240	15	48	100×18	90	20	平行型	社区内绿地较好，以片状绿地为主，植被丰富，使用率高
		139200						穿插型	
2	北京林业大学	750×730	14	45	80×100	100	2	绿地围合型	典型的绿篱围合
		547500	5	16	18×75	35	30	建筑围合型	典型的自然式种植，行道树、绿篱、灌木组合
			5	16	50×45	75	20	绿地围合型	
			4	14	40×40			混合散布型	
			3~12	10~40	120×15			混合散布型	
			5	16	80×15	65	20	穿插型	多以乔木、草坪为主
			5~6	16~20	45×12				
			20	60	55×25			混合散布型/建筑围合型	绿化较少，铺装居多
			5	16	80×40	120	12	绿化围合型	乔木与绿篱搭配种植
3	北京科技大学	1000×700	5	18	125×20	110	150	建筑围合型	校园内典型的建筑围合绿地形式的绿地，主要多见于教学楼、图书馆等需要安静一些的楼宇
		700000	3	14	100×10				
			12	28	45×30	115	25	建筑围合型	
			9	28	40×30	25	25	建筑围合型	
			3					建筑围合型	
			9						
			18	55	95×25	46	60	建筑围合型	
			4~6	12~18	18×60	60	5~8	平行型	家属楼常见的绿地排布方式
			3	20	65×150	55	140	绿化围合型	

续表

序号	名称	街区面积（m²）	建筑体量			绿地尺寸		绿地类型	绿化情况
			层数	高度(m)	长宽度(m)	长(m)	宽(m)		
4	北京航空航天大学		6	20	85×120	120	145	绿化围合型	校园内典型的建筑围合绿地形式的绿地，主要多见于教学楼、图书馆等
			1/4	3~18	15×75			混合散布型/建筑围合型	
			3~4	10~15	15×55	5	14	平行型	
			14	45	75×20	80	5~8	平行型	
			4	15	100×15	120	30	绿化围合型	
			7	24	60×20	60	5	穿插型	大学面积比较大，建筑周边绿地以行道树、绿篱为主，会建设有相对集中的绿地，比如绿园这类集中绿地供周边师生使用
			5	18	55×35			混合散布型	
			5	18	45×35				
			6	36	100×65			混合散布型	
			4~6	15~20	210×35	120	100	建筑围合型	
5	中关村步行街	450×400	12	38~40		220	200	建筑围合型	商业街尺度较大，广场硬质地面较多，绿化以行道树、绿篱为主、中关村有一处相对集中的绿地作为入口
		180000	12	38~40	55×50				
			12	38~40	85×45				
			20	60	55×55				
			12	38~40					
			15	45	75×40				
			4	12	75×50				
			18	54	95×35				
6	万柳购物中心		4	15	150×80	220	3~4	绿化围合型	万柳绿化比较简单，以绿篱为主，围合停车场
7	北京工商大学		2	8		60	55		绿化较少，铺装居多
			15	45				建筑围合型	
			3	10					
			3	10					乔木与绿篱搭配种植
			2	8					
			10	30					
			5	15					
			12	36		90	5	绿化围合型	校园内典型的建筑围合绿地形式的绿地，主要多见于教学楼、图书馆等需要安静一些的楼宇
			6	18				混合散布型	
			7	22					
			4	12					
			3	10	40×40	40	3	绿化围合型	
			3	10				混合散布型	

海淀区街区绿地图底分析　　　　　　表2-9

万柳购物中心	北京林业大学	北京科技大学
北京航空航天大学	中关村步行街	北京工商大学

远大路

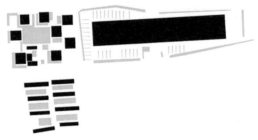

2.2.5 丰台区典型街区绿地格局调查

丰台区位于北京市区南部，东部临近朝阳区，东、西城、海淀、石景山区在其北面，丰台区还与门头沟、房山、大兴等近郊区县相接壤。因此丰台区是人口构成最为复杂的行政区，不仅是城六区之一，也是北京近郊四个区之一。丰台区全区总面积约为306km²，南北纵深长15km，东西宽为35.3km，全区常住人口达到38.2万人。丰台区内拥有北京总部基地科技园区这样的新型园区，也有大型购物中心，但总的来说丰台区的居住区占较大比重。因此在调研过程中挑选了新小区和老小区（图2-8、表2-10、表2-11）。

丽泽景园　　　前泥洼社区　　　总部基地　　　汉威广场

图2-8 丰台区典型街区

丰台区街区绿地汇总表　　　　　表2-10

序号	名称	街区面积（m²）	建筑体量			绿地尺寸		绿地类型	绿化情况
			层数	高度（m）	长宽度（m）	长（m）	宽（m）		
1	丽泽景园	440×220	24	72	85×15	150	40	平行型	绿地使用率很高，环境好，有起伏的微地形，但大乔木较少，绿荫不够多
		96800							
2	前泥洼社区	280×200	4	12	40×15			混合散布型	绿地主要用途为停车使用，或者休憩使用，但绿化条件整体较差
		56000	6	18	60×12	80	10	穿插型	
			12	36	12×40				
3	总部基地十六区	300×200	16	48	40×40	50	110	建筑围合型	绿地设计铺装与绿植相结合，比较有设计感，是白领休息的好去处。相对楼房尺度，植被还比较小，不能形成绿大荫浓的空间，但使用感、功能性都比较强
		60000	7	20	15×30			混合散布型	结合停车设置的几块散布式绿地
			7	20	115×70	100	80	绿化围合型	典型的绿化围合建筑，建筑前形成活动广场

丰台区街区绿地图底分析 　　　　　　　　表2-11

丽泽景园	前泥洼社区	总部基地

2.2.6　朝阳区典型街区绿地格局调查

朝阳区位于北京市的东部，东城、丰台、海淀区在其西侧，昌平、顺义区在其北侧，东部与通州区相邻，南部毗邻大兴区。朝阳区是六个行政区中面积最大的，全区面积约为470.8km²，全区常住人口约为308.3万。朝阳区的工业产业相对其他区更为发达，是北京市重要的工业基地[54]，除此之外朝阳区也承担了很多外事活动功能。区内集中有纺织、电子、化工、机械制造、汽车制造等工业基地。同时朝阳区也是聚集时尚文化的超级大区，北京著名的798创意产业园区也在此。丰富的街区类型是北京六个城区中最为突出的特点（图2-9、表2-12、表2-13）。

图2-9　朝阳区典型街区

朝阳区街区绿地汇总表 　　　　　　　　表2-12

序号	名称	街区面积（m²）	建筑体量			绿地尺寸		绿地类型	绿化情况
			层数	高度（m）	长宽度（m）	长（m）	宽（m）		
1	蒲安里	400×350	6	18	80×15	80	20	平行型	典型的社区绿地，平行于建筑之间，绿地绿化单一，主要作用是隔离建筑

续表

序号	名称	街区面积（m²）	建筑体量			绿地尺寸		绿地类型	绿化情况
			层数	高度（m）	长宽度（m）	长（m）	宽（m）		
1	蒲安里	140000	6	18	60×20	40	20	建筑围合型	相对集中的场地为居民提供活动场地
2	798	450×400	3	12	40×15			混合散布型	798是由废弃工厂改建而成的艺术创意园区，园区内绿化依托原有基础，因此并没有过多设计
		180000	4	15	60×12				
			3	12	12×40				
3	三里屯	550×250	5	20		30	10	建筑围合型	绿地设计铺装与绿植相结合，比较有设计感，绿化在三里屯商业街内算是较大的一块，人气很高，但缺少比较大的绿荫
		137500	6	18	50×15	45	25	平行型	典型的社区绿地，平行于建筑之间，绿地绿化单一，主要作用是隔离建筑
			6	18	60×15	45	10	穿插型	社区内除了在建筑之间设立了绿地，还在主要道路上都设置了乔木提供绿荫
4	国贸	600×500	20	60		200	10	绿化围合型	绿地主要用途为停车使用，或者休憩使用，但绿化条件整体较差
		300000	6	18	50×10	50	10	平行型	典型的社区绿地，平行于建筑之间，绿地绿化单一，主要作用是隔离建筑
5	CBD	500×600	26	80	65×15	150	50	平行型	建筑为国际公寓，绿地建设比较完善主要为居民使用
		300000	6~24	弧形建筑		半径为75的圆形		建筑围合型	绿地为CBD文化公园，设计与绿化具有一定的规模，尤其是周边商混居住都有，使用率很高。环境良好

朝阳区街区绿地图底分析　　　　　　　　　　　　表2-13

蒲安里	798	三里屯
国贸	CBD	

2.3　北京城市街区绿地格局分类模式

　　根据对城市开放空间形态与城市街区空间布局形态的理论研究、绿地格局的相关研究，并结合北京城市街区调研的结果，将城市街区绿地格局分为以下五种，分别是：绿化围合型、建筑围合型、平行型、穿插型、混合散布型（图2-10、表2-14）。

　　平行型绿地与建筑基本是平行布置，这种绿地格局对周边的绿化有较好的连通性，多见于新旧小区周边绿化。

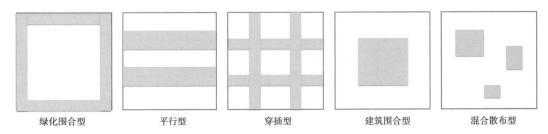

| 绿化围合型 | 平行型 | 穿插型 | 建筑围合型 | 混合散布型 |

图2-10　北京城市街区绿地格局类型

　　建筑围合型场地中建筑对绿化有明显的围合，绿地相对集中于场地中央。这种绿地格局形式多见于校园、行政办公、公园附近，使用人群比较固定，相对封闭集中。

　　绿化围合型绿地的场地四周有明显的绿化带，并且场地中央多以建筑、广场等硬质景观元素为主，少有植物点缀。这种格局形式多见于写字楼、商业街等需要一定开敞活动空间的场地。

　　穿插型绿地格局与建筑相互交叉布置，较平行型绿被被打断的地方多一些，绿地破碎化高一些，相对分散，也属于比较常见的街区绿地格局类型，多见于楼型丰富的小区绿地，北京旧城胡同内小片绿化。

　　混合散布型是结合散点绿地和多重绿地布局提出的综合性较高的一种绿地格局，绿地相较于其他类型比较分散且面积不大，比较典型的分布是在北京二环内旧城，胡同建筑由于其建筑的体量、布局特殊，绿化只能散点式种植，因此呈现出比较特殊的这类格局。

街区绿地格局分类表　　　　　　　　　　　　　　　表2-14

序号	名称	街区类型	绿地格局类型	特征
1	八角北里社区	居住街区	平行型绿地	平行型中的绿地与建筑基本平行布置，这种绿地格局对于周边的绿化有较好的连通性，多见于新旧小区周边绿化
2	北方工业大学家属区	居住街区		
3	西山枫林社区	居住街区		
4	永乐西小区	居住街区		
5	青年湖社区	居住街区		
6	金鱼池社区	居住街区		
7	德外大街街区	商务街区		
8	远大路社区	居住街区		
9	北京科技大学家属区	居住街区		
10	北京航空航天大学宿舍区	居住街区		
11	丽泽景园	居住街区		
12	蒲安里社区	居住街区		
13	三里屯街区某小区	居住街区		
14	国贸街区	居住街区		
15	CBD街区某小区	居住街区		
16	万达广场	商业街区	建筑围合型	建筑对绿化具有明显的环绕，绿地相对集中于场地中央。这种绿地格局形式多见于校园、行政办公、公园附近，使用人群比较固定，相对封闭集中
17	北方工业大学教学区	办公街区		
18	永乐西小区	居住街区		
19	金鱼池社区	居住街区		
20	南门仓胡同	居住街区		
21	永康社区	居住街区		
22	金宝街	商务街区		
23	西单广场	商业街区		

续表

序号	名称	街区类型	绿地类型	特征
24	金融街	商务街区		
25	德外大街	商务街区		
26	北京科技大学家属区	居住街区		
27	中关村步行街	产业街区		
28	北京工商大学图书馆	办公街区		
29	丰台总部基地	产业街区		
30	蒲安里社区	居住街区		
31	三里屯商业街	商业街区		
32	CBD商业街区	商业街区		
33	万达街区银行办公楼区	商务街区		
34	北方工业大学教学楼区	办公街区		
35	金宝街	商务街区		
36	德外大街	商务街区		场地中央多以建筑、广场等硬质景观元素为主，少有植物点缀的即是绿化围合型格局。这种格局形式多见于写字楼、商业街等需要一定开敞活动空间的场地
37	北京林业大学教学楼区	办公街区	绿化围合型	
38	北京科技大学教学楼区	办公街区		
39	北京航空航天大学教学楼区	办公街区		
40	北京工商大学教学楼区	办公街区		
41	万柳购物中心	商业街区		
42	丰台总部基地十六区	产业街区		
43	国贸街区	商务街区		
44	八角北里社区	居住街区		
45	北方工业大学宿舍楼区	居住街区		绿地格局与建筑相互交叉布置，绿地破碎化高一些，相对分散，也属于比较常见的街区绿地格局类型，多见于楼型丰富的小区绿地、北京旧城胡同内小片绿化
46	远大路社区	居住街区	穿插型	
47	北京林业大学宿舍楼区	居住街区		
48	北京航空航天大学宿舍区	居住街区		
49	前泥洼社区	居住街区		
50	八角北里社区	居住街区		
51	中科院整形医院	办公街区		
52	黑芝麻胡同	居住街区		绿地相较于其他类型比较分散且面积不大，比较典型的分布是在北京二环内旧城，胡同建筑由于其建筑的体量、布局特殊，绿化只能散点式种植，因此呈现出比较特殊的这类格局
53	北京林业大学教学楼区	办公街区		
54	北京航空航天大学教学楼区	办公街区	混合散布型	
55	北京工商大学教学楼区	办公街区		
56	前泥洼社区	居住街区		
57	丰台总部基地十六区	产业街区		
58	798艺术区	产业街区		

第三章

测量实验

——北京城市街区绿地
格局微气候监测

3.1 北京城市环境及气候特征

3.1.1 地理位置特征

北京位于华北平原西北隅，背靠燕山，地处山地与平原的过渡带，东北、北、西三面环山，山地约占62%，平原占38%。北京的气候环境特征属于典型的半湿润半干旱季风性气候[57]，其特点就是春夏秋冬季节分明，夏季、冬季最为漫长，春秋两季时间短暂但气候条件最为适宜，整体气候特点表现为：春季风大导致气候干燥，温度回升快，温差最大；夏季酷热且多雨；秋季凉爽气候舒适，晴朗凉爽少雨；冬季寒冷干燥，雾霾大阳光少。

3.1.2 温湿度环境特征

北京的特点是山地资源丰富，山区面积约为1006800hm²，占到北京市域面积的61.2%。全年年平均气温为11.8℃，冬季温度最低，最低平均温度为1月，约为-4.8℃，北京夏季7月、8月最为炎热，最高平均气温约为25.8℃。而气温的特征变化会随着地势的变化而改变，气温会随着平原向山区方向逐步降低，海拔不同降低的程度也有所不同。海拔不同影响了微气候，这点尤其体现在温度上，比如北京地区2000m以上的山地地区，比平原地区温度普遍偏低10℃。600m以下地区普遍比平原地区的温度平均低3℃。

北京的气候为典型的暖温带半湿润大陆性季风气候，2010年年平均气温空间分布大致呈带状自西南伸向东北，气温由周边地区向市区逐渐升高。市区年平均气温在1.8℃~14.1℃之间，周边地区年均气温较低，主要在7℃~13℃之间，市区年均气温大于13℃（图3-1、图3-2）。

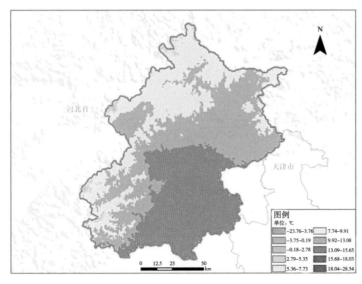

图3-1 北京气温分布图
（图片来源：http://www.bjweather.com/beijing/）

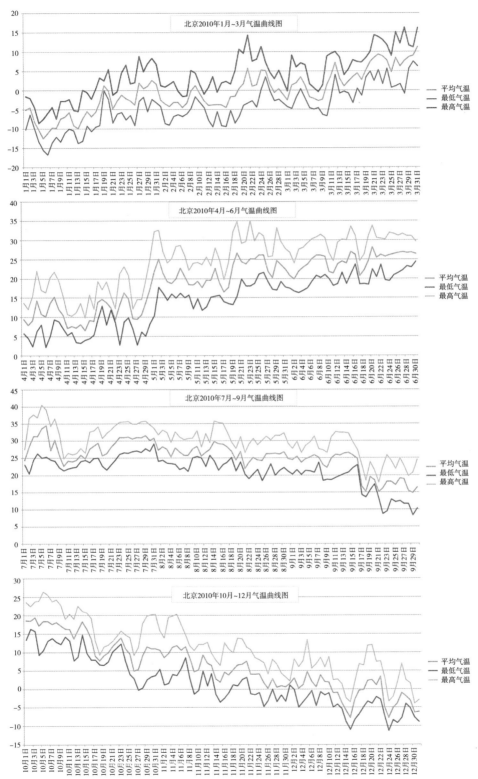

图3-2 北京全年气候图表（图片来源：http://www.360doc.com/content/15/0613/11/5511918_477812143.shtml）

3.1.3 风环境特征

北京的风环境特征具有明显的季节性变化。冬季主导风向为西北风，夏季主导风向为东南风。全年风速变化上，峰值最大地出现在春季，其次是冬季，而夏季的风速是最小的[58]。这也是本书选择夏季微气候研究的原因之一，夏季受到风速变化影响相对其他季节最少。以北京市气象台的监测数据为例：4月平均风速为3.4m/s，8月平均风速为1.5m/s[95]。通过对各月风日的归纳整理可以看出，北京每个月风速小于6m/s以下的情况均可达20天以上，二月份是最少的，夏季7月、8月最多，基本整月风速都在6m/s以下。而北京城区所处地区受到山谷风的影响，风的日变化也会根据季节有所差异。白天盛行偏南风而到了晚上变为偏北风，而风向变化的情况根据季节也会有所差异。春夏期间一般是日落后改变风向，而秋冬由于冷空气入境，主要盛行偏北风，午后到傍晚期间会偶尔出现南风[59]（表3-1）。

北京各月风力[59] 表3-1

风力 月	1	2	3	4	5	6	7	8	9	10	11	12	全年
≤6m/s（4级以下）	22.3	20.9	23.0	22.1	25.7	27.7	30.1	30.6	28.5	27.9	24.1	22.1	204.9
≥17m/s（8级以上）	3.1	3.1	3.6	3.9	2.2	1.4	1.1	0.5	0.5	1.4	2.9	3.0	26.7

3.2 测量对象、工具与方法

3.2.1 测量对象及选择依据

本书测量街区类型涵盖商业街区、商务街区、产业街区、居住街区、混合街区五种。在前期调研归纳汇总的基础上，分别挑选了北方工业大学、永乐西小区、西井社区、中关村步行街、总部基地、金鱼池社区、世纪城社区进行了小气候监测。

城市的整体空间形态影响了街区的尺度，本书选择街区尺度范围为100m×100m，该范围划分的依据是综合了C·莫丁所认为街区应该在70m×70m~100m×100m比较合理，而Siksna认为80m~110m之间的交通网络是最理想的街区范围[81]，因此本书综合以上理论选择了100m×100m的范围作为测量区域。

3.2.2　测量工具及方法

微气候实测采用YIGOOD YGBX-1便携式自动气象站进行测量记录，该仪器可以用于测量温度（T）、相对湿度（RH）、风速（WV）、风向（WD）、太阳辐射（Rad）、大气压强（Pa）（图3-3，表3-2）。

同一街区内，在不同绿地格局类型内设置测量点，进行微气候测量（包括温度、湿度、风速、太阳辐射），并对具体情况进行实验数据记录，测量并记录整天的气象数据。此测量方法目的是比较不同绿地格局对同一街区内微气候改善的差异。测量选择夏季（北京7~8月）晴朗微风、少云、无降水天气，测量时间为

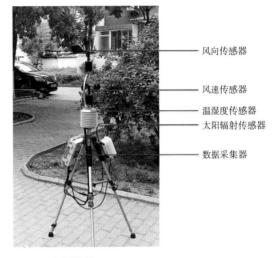

风向传感器
风速传感器
温湿度传感器
太阳辐射传感器
数据采集器

图3-3　测量仪器

9: 00~17: 00，共计8小时。仪器摆放位置尽量避免其他热源因素的干扰，如建筑的阴影、反光、树影。测量点垂直高度1.5m处的空气温度、相对湿度、风速、风向、太阳辐射强度，每10min记录一次[13]，最后形成连续的数据曲线。将实测数据及时记录在实测数据记录表上，每次测量时，还需要记录当天气象台官方数据，为之后对比分析、校验数据做准备。同一街区内，在不同绿地格局类型内设置测量点，进行微气候测量，并对具体情况进行实验数据记录，测量并记录整天的气象数据。根据各个测点实测数据的统计结果，对空气温度、相对湿度、风速及太阳辐射进行自比较和测点直接的比较，总结其中的规律及街区的微气候环境特征。

测量仪器主要性能参数　　　　　　　　　表3-2

配件	型号	测量范围	分辨率	准确度
大气温度传感器	YGC-QW	−50℃~100℃	0.1℃	±0.3℃
大气湿度传感器	YGC-QS	0~100%RH	0.1%RH	±3%RH
风速传感器	YGC-FS	0~70m/s	0.1m/s	±(0.3±0.03V) m/s
风向传感器	YGC-FX	0~360°	1°	±1°
大气压力传感器	YGC-QY	10~1100Pa	0.1hPa	±0.3hPa
太阳辐射传感器	YGC-JYZ	0~1280W/m²	1W/m²	±10W/m²

3.2.3 热舒适度调查问卷及分析

（1）调研方法

在进行夏季街道的微气候测量的同时，也进行了5次热舒适度问卷调查，现场共发放有效问卷246份（表3-3）。在测量的同时，由测量小组成员协助附近居民填写，受邀居民均在测试点周围活动，居民自行填写问卷，对不方便填写的老人或儿童由测量人员填写，问卷的时间与受访人员的服饰均由工作人员填写。平均每份热舒适度调查问卷的用时约为3~5min，根据填卷人的具体情况来解释调查问卷的填写方式和研究目的，以保证反应填写人的真实情况[16]。在结合实测数据的同时，对热舒适度调查问卷结果进行了统计，综合各个街区的实际测量数据参数和填写人的主观热舒适度情况进行相关性研究，既涵盖了在街区内活动的人的主观感受，也可佐证该街区内客观微气候数据反映的情况。

调查问卷统计 表3-3

日期	7月22日	7月26日	7月27日	8月19日	8月22日
有效问卷	27	36	64	62	57
无效问卷	0	1	4	0	2
小计	27	37	68	62	59

（2）问卷设计

问卷内容主要包括两个部分（图3-4）：

①填写人的个人基本情况和服饰情况。包括性别、年龄、服饰。

②使用者的主观舒适感[60]。包括：PMV投票、湿度感投票、风感觉投票和综合热舒适感投票。其中PMV投票根据ASHRAE的7节点热感觉模型（−3，冷；−2，凉；−1，稍凉；0，适中；1，稍暖；2，暖和；3，热）。湿度感觉投票为5节点模型（−2，非常潮湿；−1，潮湿；0，适中；1，干燥；2，非常干燥）。风速感觉投票用5节点模型（1，无风；2，微风；3，稍大风；4，大风；5，很大风）。综合舒适感为5级模型（1，不可忍受；2，很不舒适；3，不舒适；4，稍不舒适；5，舒适）。

（3）调查对象统计结果

五次调查问卷受访对象共计246人，其中男性138人，占56.7%，女性108人，占43.3%（图3-5）。最主要的使用者年龄段为19~29岁，占受访人数的35.2%；其次是30~40岁，占受访人数的27.6%；40~55岁及55岁以上的受访者相当，分别占受访人数的14.3%、17.1%；最少的是5~12岁和13~18岁受访者，仅占受访人数的4.3%、1.5%（图3-6）。受访人群主要是场地周边居住居民或周边写字楼白领。调查发现，场地使用者男性略多于女性，且年龄层次以中老年人居多。

地点_____ 填写时间_____

北京城市街区绿地空间小气候舒适度调查问卷

您好，我们是北方工业大学建筑与艺术学院街区绿地小气候调查小组。非常感谢您在百忙中抽出2分钟填写我们的调查问卷。对于我们研究工作的支持，表示衷心的感谢！

着装情况：_____（工作人员简单填写）

您的性别（勾选）：男/女
您的年龄（勾选）：
A. 5~12岁　　B. 13~18岁　　C. 19~29岁　　D. 30~40岁　　E. 40~55岁　　F. 55岁以上
PMV投票（勾选）
冷（−3）　　凉（−2）　　稍凉（−1）　　适中（0）　　稍暖（1）　　暖（2）　　热（3）
湿度感觉投票（勾选）
非常潮湿（−2）　　　潮湿（−1）　　适中（0）　　干燥（−1）　　非常干燥（−2）
风速感觉投票（勾选）
无风（1）　微风（2）　稍大风（3）　大风（4）　　很大风（5）
综合热舒适感投票（勾选）：
不可忍受（1）　很不舒适（2）　不舒适（3）　稍舒适（4）　舒适（5）

图3-4　调查问卷

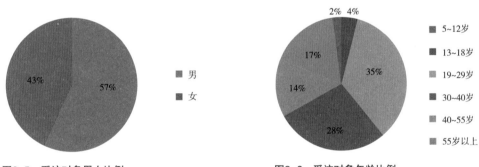

图3-5　受访对象男女比例　　　　　　　　图3-6　受访对象年龄比例

3.3　永乐西社区夏季微气候实测结果分析

3.3.1　空气温度实测结果及分析

测量时间为2016年7月22日，当日气温25℃~31℃，多云，风力2~3级。永乐西小区共设两个测量点，分别为A（平行型）、B（建筑围合型），测点分布如下图所示（图3-7）。

在测量的时间内，各个测点共计采集了98个空气温度有效样本，测点A、B两点的曲线波动

有略微不同，但其表现的空气温度变化是一致
的，总体变化趋势表现为早晚低，中午过后温
度逐渐升高，中午和下午都有达到峰值，晚上
的温度均高于早上（图3-8）。

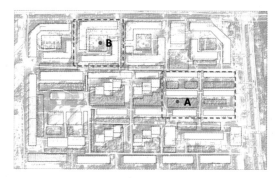

图3-7　永乐西小区测量分布图

　　测点A位于永乐西小区的东南侧，这一区
域的住宅楼均为底层板楼，因此A测点处于
典型的平行型绿地格局中，测点B位于小区的
北侧，住宅楼是L型将绿地包围起来，因此呈
现出建筑围合型绿地格局的形式。测点A、B
的峰值均出现在下午15∶40，分别为30.1℃、32.3℃，最大值和最小值的差值分别为3℃、4.1℃
（表3-4）。

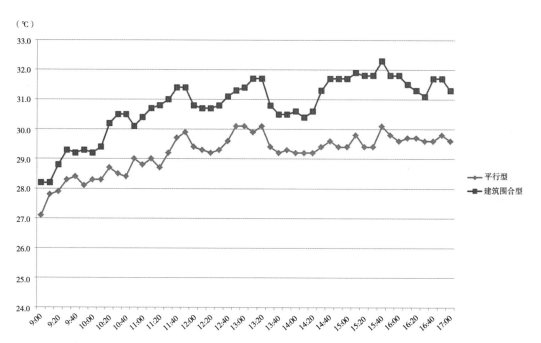

图3-8　温度变化图

永乐西社区绿地空间空气温度数据分析（℃）　　　　　表3-4

	极大值	极小值	均值	标准差	方差
测点A	30.1	27.1	29.2	0.66	0.44
测点B	32.3	28.2	30.8	0.98	0.95

再对各个测量点进行均值计算，大小排序为测量点B＞测量点A，二者温差相差2.2℃。A点的起始温度较低，平均低了近1℃；虽然A、B两点都受到建筑阴影的干扰，但从标准差来看，B点的标准差更大，这说明离散程度高，温度的波动程度更大，究其原因不难发现B点所处空间呈现建筑围合。A点在温度上升或下降过程中较B点波动更明显，A处于平行型绿地格局，两建筑之间形成了风道，风有助于降温，由此也可以看出平行型绿地对于减缓温度的上升优于建筑围合型。

3.3.2　相对湿度实测结果及分析

测量当日各个测量点的相对湿度变化与他们的温度变化曲线趋势相反，表现为中间低早晚高，早晨的相对湿度略高于晚上的，整体的相对湿度呈现下降的趋势，两个测点的变化趋势一致。两个测量点在9:00~14:40的这一时间段内的相对湿度变化趋势基本相同，均在12:00达到了最低值，随后开始回升，在13:10左右进入第二次下降，随后继续回升。而从测点B在14:40后比A的相对湿度低来看，B点处于建筑围合型绿地，太阳开始向西移动，受到建筑阴影的遮挡影响更多，测点B低于测点A。由此可知，在太阳辐射对于相对湿度具有一定的影响（图3-9）。

此外，通过比较两个测点的平均值发现，测点A为69.8%，测点B为69%，相差不多；测点B的方差略大于测点，这说明相对湿度也会受到阵风的影响，测点A处于平行型绿地通风效果好，

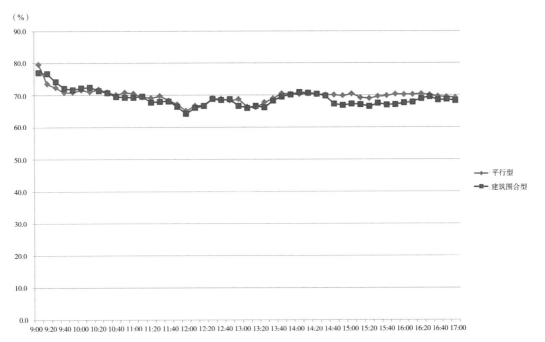

图3-9　相对湿度变化图

对于场地内的湿度稳定有一定的好处。两个测点的相对湿度均介于64%~80%，最大值为79.6%，最小值为64.2%（表3-5）。

永乐西社区绿地空间相对湿度数据分析（%） 表3-5

	极大值	极小值	均值	标准差	方差
测点A	79.6	65.1	69.8	2.12	4.51
测点B	77.0	64.2	69.0	2.55	6.51

3.3.3 平均风速实测结果及分析

在对比各个测量点的风速变化数据时候发现，风速由于受到天气、环境等因素的影响，样本数据变化的曲线差异很大，说明风速变化的不确定性很大，直接对比各个测量点风速的数据并不能发现其变化规律。因此对测量的风速每半小时求均值，得到各个时间段风速均值的变化曲线。测点A和测点B的变化规律差异较大，但都可以看出中午11：00~13：30两处测量点都有明显的风速变化（图3-10）。

测点A处于东西向平行型绿地中，通风效果好，具有"风廊"的作用，因此场地一直都通风良好，风速的波动却非常明显；而测点B处于建筑围合型绿地，绿地本身处于闭塞的地方，再受

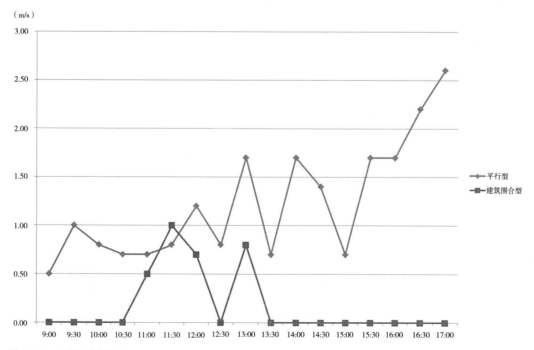

图3-10 平均风速变化图

到周边建筑和绿化的遮蔽影响，场地内容易形成旋风，同时也会造成某些时段无风，由此看出测点A的风速变化明显高于测点B。两个测量点的均值也反映了B点较A点通风效果好（表3-6）。

永乐西社区绿地空间风速数据分析（m/s）　　　　　　　　　　表3-6

	极大值	极小值	均值	标准差	方差
测点A	2.10	0	1.0	0.58	0.34
测点B	1.20	0	0.22	0.35	0.13

3.3.4　太阳辐射实测结果及分析

　　两点的太阳辐射变化如图3-11所示，本书在测量太阳辐射时直接使用气象站的太阳辐射探头进行测量和记录，设定记录时间间隔为每十分钟一次。因为受到建筑阴影、云量变化的影响较大，两个测量点太阳辐射的变化波动和幅度都很大。测点A的波动较测点B波动稍小，两个测点

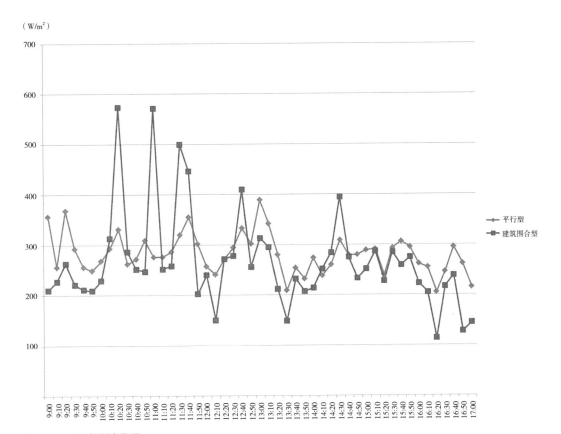

图3-11　太阳辐射变化图

均在10: 00~12: 00之间有三次明显的波动,12: 40~13: 30有两次波动,到了下午16: 00太阳辐射都有了明显的下降,并有一次波动。从总体趋势上来看,两个测量点的太阳辐射随时间变化曲线规律是一致的。

A点的最大辐射值为389W/m²,平均太阳辐射为282W/m²,B点最大值为573W/m²,平均太阳辐射为265W/m²;而从两个测量点的方差可以明显看出,测点B的方差远大于A点,也就是说,建筑围合型绿地格局由于空间相对闭塞,较A点平行型绿地受到的建筑阴影更多,因为建筑围合型会受到来自四面建筑的阴影。上一街区的实测说明,建筑围合型绿地和平行型绿地都会受到影响,在永乐西社区则再一次印证了两者都会因遮阳受到影响,且建筑围合型受到的影响更大(表3-7)。

永乐西社区绿地空间太阳辐射数据分析(W/m²)　　　　　　表3-7

	极大值	极小值	均值	标准差	方差
测点A	389	205	282	39.19	1535.84
测点B	573	114	265	95.22	9067.77

3.3.5 热舒适度问卷结果

在永乐西小区中有A(平行型绿地)、B(建筑围合型绿地)两个调查问卷发放点。表征人体热反应(PMV)投票结果分析,A测量点和B测量点分别有13.6%和44%的受访者感觉较热,其余人的冷热感觉较适中;人们对于A点的冷热差异不大,大多数人对周围环境的感受比较适中,而在B点人们则多感觉环境较热,所以A测量点对于减缓升温有良好作用(图3-12)。

湿度感觉投票(HSV)结果分析,A测量点(平行型绿地)和B测量点(建筑围合型绿地)均无人感到干燥;人们对于AB两点的湿度感受较为一致。在下午的时候,太阳西移,B测量点的人们逐渐感到环境干燥,湿度开始降低。A点对于增湿方面稍好于B点(图3-13)。

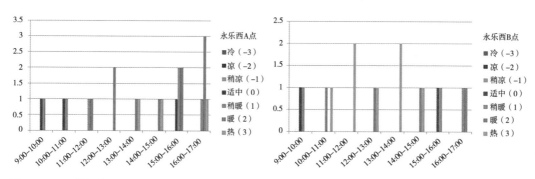

图3-12 PMV投票结果

风度感觉投票（WSV）结果分析，A测量点（平行型绿地）和B测量点（建筑围合型绿地）大风感受人群分别为4.5%和0%；人们在A点的风速感受较为明显，B点则没风速感受，接近于0。从而得出A点的通风效果比B点较好（图3-14）。

综合热舒适投票（OSV）结果分析，A测量点（平行型绿地）和B测量点（建筑围合型绿地）分别有45%和86%的人表达了不适感。结果显示，人们在A测量点的舒适度明显高于B测量点。人们在A点的舒适程度比较一致，而B点的波动性较大，由此来看，A点的小环境气候较为稳定，B点则浮动较大，不利于及时调节周围的环境（图3-15）。

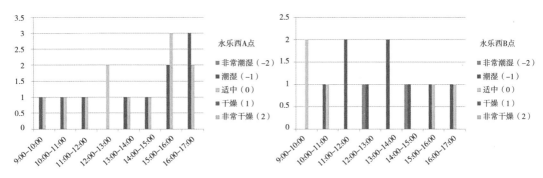

图3-13　HSV感觉投票

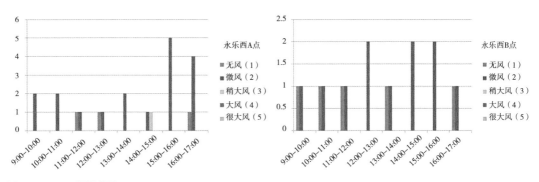

图3-14　WSV投票结果

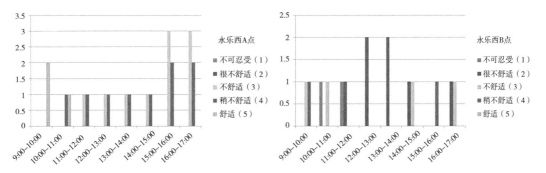

图3-15　OSV投票结果

3.4 世纪城社区夏季微气候实测结果分析

3.4.1 空气温度实测结果及分析

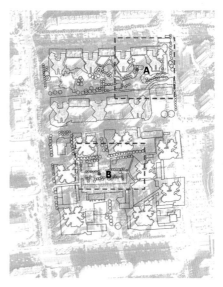

测量时间为2016年7月26日，当日气温33℃~24℃，晴，风力2级。世纪城共设定两个测量点，分别为A（平行型）、B（散布型），测点分布如图3-16所示。

本次在世纪城社区两个测量点共采集了有效样本147个，测量点A、B的曲线波动虽然有略微不同的变化，但总体温度的变化是一致的，总体变化趋势表现为早晚低，温度逐渐升高，达到峰值后有所下降但下午会再次升高，最后晚上的温度均高于早上。

测点A位于世纪城时雨园小区，这一区域的住宅楼均为高层板楼，A测点处于典型的平行型绿地格局，测点B位于A点南侧的晨月园小区，住宅楼都是高层塔楼，

图3-16 世纪城社区测量分布图

绿地散布在小区各个楼之间，呈现出散布型绿地格局的形式。测点A经历两次峰值变化，第一次是在15:50，温度为36.3℃，第二次是在16:40，温度为36.4℃；测点B同样经历了两次明显的峰值变化，第一次在13:50，第二次在14:40，温度均为34.7℃（图3-17）。

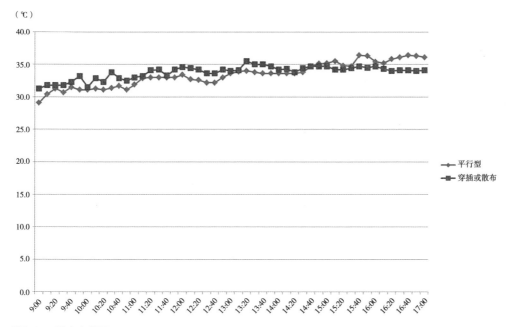

图3-17 温度变化图

同样对各个测量点进行了均值计算，得到测量点B＞测量点A，二者极值相差1.7℃。A点的起始温度较低，比B点低约2.2℃。B点在温度上升过程较A点波动较小，这点从标准差的大小也可以看出，B点处于散布型绿地中，相对A点绿地更为开阔，受到建筑干扰更小，因此B点达到温度峰值的时间比A点提前了近两小时。虽然B点平均温度比A点低，但平行型绿地受到夹道风的影响，对温度升高的减缓作用更为明显，由此看出平行型绿地对于减缓温度上升也优于散布型绿地格局（表3-8）。

世纪城社区绿地空间空气温度数据分析（℃） 表3-8

	极大值	极小值	均值	标准差	方差
测点A	36.4	29.1	33.4	1.82	3.3
测点B	34.7	31.3	33.8	0.99	0.98

3.4.2 相对湿度实测结果及分析

测量当天，各个测量点的相对湿度变化与温度变化是呈现相反的趋势，具体表现为早上的相对湿度明显高于晚上，且呈现逐渐下降的趋势。同一个测点在不同时间内相对湿度的变化也是有所差异的，测点A与测点B的变化幅度分别为27.6%、17.4%。从9：00~14：00的时间段内，两个测量点的相对湿度从早晨开始下降，在11：40附近开始回升，一小时后开始下降，在13：40左右第二次回升。两个测量点在14：20后出现了明显的差异，虽然两点的变化波动是相近的，但A点的相对湿度明显低于B点（图3-18）。

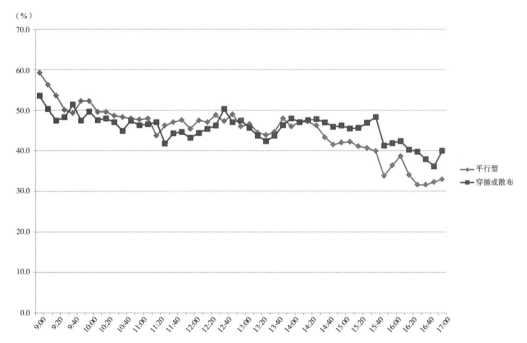

图3-18 相对湿度变化图

此外，通过比较两个测点的平均值发现，测点A为45%，测点B为45.6%，相差不多；测点A的方差略大于测点B，这说明相对湿度也会受到阵风的影响，上文提到平行型绿地由于建筑平行于绿地，容易受到通风廊道作用，而建筑阴影在平行型绿地中较穿插型更容易受到影响，因此测点A的相对湿度波动更为明显，这说明风速对于相对湿度有一定的影响。散布型绿地建筑比较无规律，不利于降温增湿，因此太阳西移后，B点的相对湿度比A点大这一特征就凸显出来（表3-9）。

世纪城社区绿地空间相对湿度数据分析（%） 表3-9

	极大值	极小值	均值	标准差	方差
测点A	59.2	31.6	45.0	6.14	37.70
测点B	53.6	36.2	45.6	3.36	11.28

3.4.3 平均风速实测结果及分析

通过统计测量当天两个测量点风速的变化数据，世纪城社区两个测点共采集有效数据98个。因此对测量的风速每半小时求均值，得到各个时间段风速均值的变化曲线，如图3-19所示。两

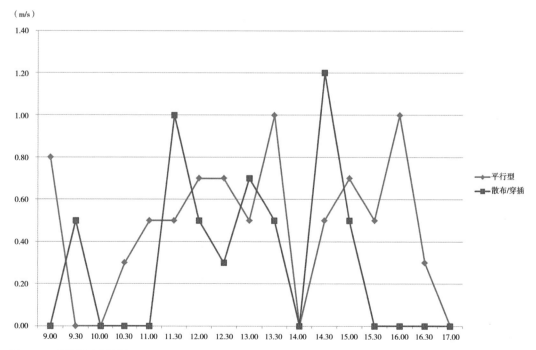

图3-19 平均风速变化图

个测量点的平均风速变化规律有相似之处，但两个点也有不同之处，甚至相反的地方。9: 30~11: 00这段时间内，两个测点都处于静风状态，之后两点都开始有风，A点的风速变化更平稳；14: 00时两测量点都出现了静风状态，随后两者风速明显增大，后半段的风速高于前半段，B点最后基本处于静风状态。

测点A的平均风速为0.51m/s，高于测点B。测点A处于平行型绿地中，平行型绿地处于东西走向，通风效果好，具有"风廊"的作用，因此场地一直都通风良好，但风速的波动却非常明显，从方差中也可证明这点。测点B处于散布型绿地中，受到周边多处建筑物的和配套绿地的遮蔽影响，使得场地的风速时常处于无风或微风状态。但总体来说，两种绿地格局对风速的影响差距较小（表3-10）。

世纪城社区绿地空间风速数据分析（m/s）　　　　　　　　表3-10

	极大值	极小值	均值	标准差	方差
测点A	1.70	0	0.51	0.40	0.16
测点B	1.90	0	0.31	0.39	0.15

3.4.4　太阳辐射实测结果及分析

从样本数据来看，两个测量点太阳辐射的变化波动和幅度都很大，这与测量当天云量变化、太阳对建筑照射所产生的阴影都有关系。从总体的变化趋势来看，早晚低，中午相对较高，并且两个测量点的太阳辐射都是随着时间逐渐下降的。测点B在9: 00~13: 30这一时间段的辐射高于A点，13: 30以后则相反。虽然两个测量点后期出现了相反的情况，但在变化过程中波动的时间点却很相似（图3-20）。

13: 30以前，A点的太阳辐射低于B点，且A点的波动较B点更平缓，A点的最大辐射值为699W/m²，平均太阳辐射为518W/m²，B点最大值为869W/m²，平均太阳辐射为475W/m²；从两个测量点的方差可以明显地看出，测点B的方差远大于A点，散布型绿地格局由于建筑布局比较松散，建筑不像平行型绿地那样紧密性更强，因此绿地略显空旷，太阳辐射受到建筑阴影的影响高于平行型。13: 30以后，A点的太阳辐射明显高于B点，而两者的波动幅度基本相似，这说明太阳开始西移后，建筑阴影开始影响到平行型绿地的太阳辐射。因此又一次验证了，太阳辐射容易受到建筑遮阳的影响（表3-11）。

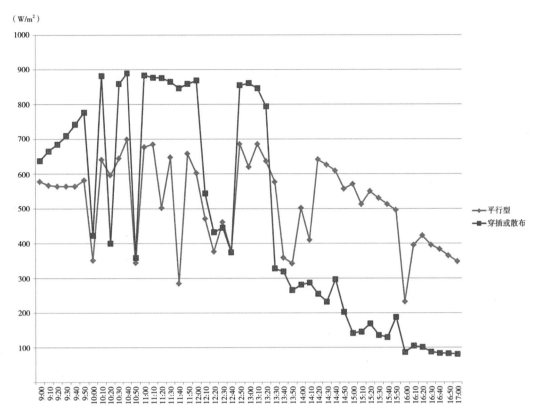

图3-20 太阳辐射变化图

世纪城社区绿地空间太阳辐射数据分析（W/m²）　　　　表3-11

	极大值	极小值	均值	标准差	方差
测点A	699	232	518	121.76	14824.69
测点B	869	81	475	303.37	92032.38

3.4.5　热舒适度问卷结果

　　世纪城中有A测量点（平行型绿地）、B测量点（穿插型绿地）两个调查问卷发放点。表征人体热反应（PMV）投票结果分析，A测量点和B测量点，分别有37.5%和56%的受访者感觉较热，其余人的冷热感觉较适中；而且B点比A点提前先热，人们对于A点的冷热感受差异不是很大，说明A点对温度的升高有减缓作用（图3-21）。

　　湿度感觉投票（HSV）结果分析，A测量点（平行型绿地）和B测量点（穿插型绿地），分别有12.5%和6.25%感觉干燥；早上人们感觉B点比A点湿度要大，而这种感觉一直持续到下午，相对于A点来说，B点不利于降温增湿（图3-22）。

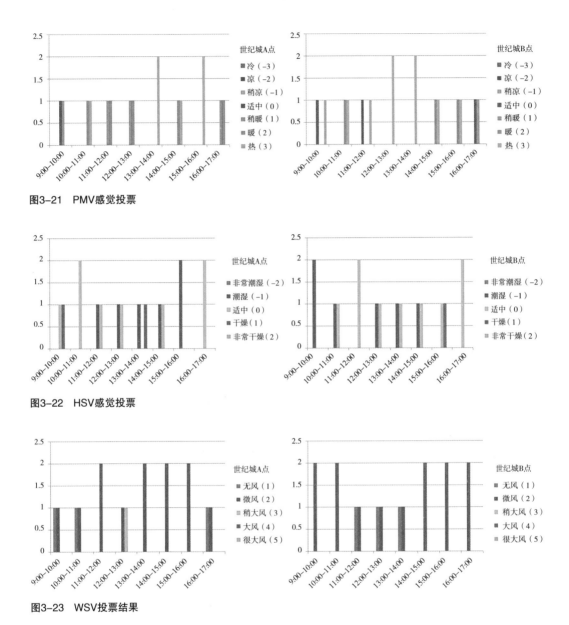

图3-21　PMV感觉投票

图3-22　HSV感觉投票

图3-23　WSV投票结果

风度感觉投票（WSV）结果分析，A测量点（平行型绿地）和B测量点（穿插型绿地），大风感受人群分别为7%和0%；人们在A点对风速的感受较为明显，B点则基本无风速感受，时常处于无风状态，所以A点比B点的通风效果好（图3-23）。

综合热舒适投票（OSV）结果分析，A测量点（平行型绿地）和B测量点（穿插型绿地），分别有50%和44%的人表达了不适感。人们对于AB两点环境的感受差别不大。但从早到晚，除了天气暴晒的原因，人们对于A点的环境舒适程度差别较小，而对于B点来说，人们之间的差别感受较大。由此看来，A点对于周围环境气候有一定的调节作用（图3-24）。

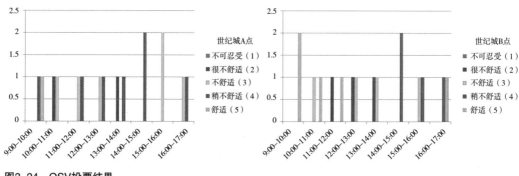

图3-24 OSV投票结果

3.5 中关村步行街区夏季微气候实测结果分析

3.5.1 空气温度实测结果及分析

测量时间为2016年7月27日，当日气温25℃~34℃，多云，风力3级。中关村步行街共设定两个测量点，分别为A（绿化围合型）、B（建筑围合型），测点分布如图3-25所示。

中关村步行街共设置两个测量点，采集有效的空气温度数据样本总计147个。从折线图显示来看，测点A、B两点的曲线波动略有不同，但总体温度的变化趋势是一致的，表现为早晚低，温度逐渐升高，达到峰值后有所下降，最后晚上的温度均高于早上。

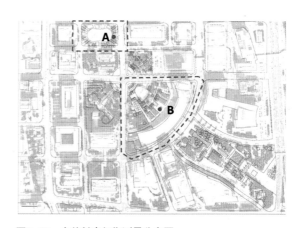

图3-25 中关村步行街测量分布图

测点A位于步行街中关村SOHO，测点B位于中钢国际广场。中关村步行街内都是独立的玻璃材质写字楼，A点属于SOHO独立的休憩活动场地，分布在建筑周边，属于绿地围合型格局，B点周边则是绿地周边环绕建筑，属于建筑围合型绿地格局，总体来说B点绿地的绿化量明显高于A点。测点A的峰值出现在14：00，温度为34.0℃，极差为6.3℃；测点B的峰值变化出现在13：40，温度为38.1℃，极差为9.1℃。极差出现如此大的情况，可能与周边建筑表层材料具有一定反光反热有关系（图3-26、表3-12）。

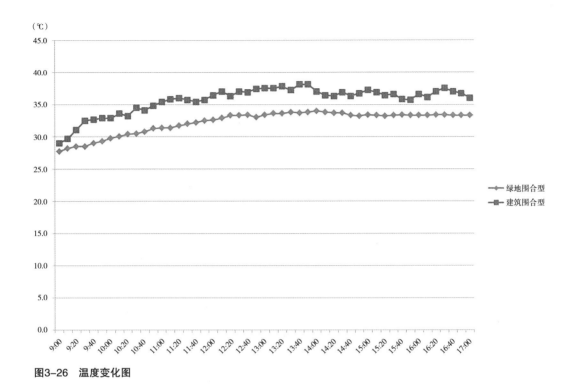

图3-26　温度变化图

中关村步行街区绿地空间空气温度数据分析（℃）　　　　表3-12

	极大值	极小值	均值	标准差	方差
测点A	34.0	27.7	32.3	1.75	3.05
测点B	38.1	29.0	35.7	2.04	4.18

　　分别对两个测量点进行了均值计算，可以看到测量点B＞测量点A，两处测量点的极差相差2.8℃。A的起始温度比B低1.3℃，而从图表和标准差所反映出B点的温度上升过程更快，B点的绿地空间受到建筑的干扰，整个空间比较郁闭，虽然容易形成瞬时旋风，但通风情况不如A点通畅。尽管B点的绿化量明显高于A点，但是B点的温度均值明显高于A点，差值达到3.4℃，造成这样的原因可能是由于绿地格局的不同，越封闭越不易通风，温度上升的就更快。

3.5.2　相对湿度实测结果及分析

　　根据两个测量点当天的相对湿度变化曲线来看，均呈现出两端高中间低的形式。早晨的相对湿度略高于晚上的，两点的相对湿度开始一致，但随着时间的变化，测点A与测点B的相对湿度出现了明显的差距。而相对湿度的曲线变化情况与空气温度变化呈现负相关。整体的相对湿度呈现下降的趋势，两个测点的变化趋势是一致的。整体相对湿度下降到13: 20时附近并开始回升，一小时后到达峰值随后又开始下降，在15: 20左右出现第二次回升。此外，测点B的相对湿度明显低于A点，这是由于B点为建筑围合型绿地，虽然对于太阳辐射有所削减，对风速同样有削减，这不利于B点降温增湿（图3-27）。

另外，在同一时间，虽然A、B两点的相对湿度变化曲线趋势一致，但由于所处的环境条件不同，绿地格局不同，因而数值上具有明显的差异。分别对两个测点进行了平均相对湿度计算，测点A和测点B的均值分别为58.2%、49.2%，两点的区间介于40%~70%之间，最大均为68.8%，最小值分别为50.5%、40.4%，相差10%左右。测点B处于建筑围合型绿地，容易形成阵风旋风，而从方差来看测点B的波动情况确实大，说明相对湿度确实受到风速的影响（表3-13）。

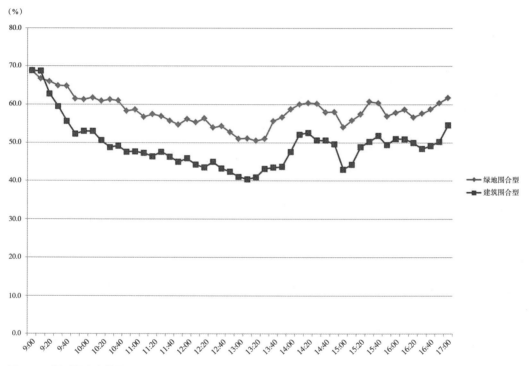

图3-27 相对湿度变化图

中关村步行街绿地空间相对湿度数据分析（%）　　　　　　表3-13

	极大值	极小值	均值	标准差	方差
测点A	68.8	50.5	58.2	4.01	16.10
测点B	68.8	40.4	49.2	6.04	36.57

3.5.3 平均风速实测结果及分析

对测量的风速每半小时求均值，得到各个时间段风速均值的变化曲线，如图3-28所示。测点A与测点B的平均风速有相似之处，也有相反的地方。在对其进行平均风速计算后，变化波动仍然很大，两个测量点的风速在总体变化趋势上基本一致，均出现两次较大波动，第一次为9:00~10:30，第二次为13:30~15:30。

两个测点的平均风速按照大小排序为测点A＞测点B，测点A的风速最大达到2.9m/s，测点B的最大风速达到2.1m/s。测点B处于建筑围合型绿地中，受到周边建筑和绿化的遮蔽作用，场地会形成旋风，某些时段风速处于微风或无风状态。但B点的波动没有测量点A高。A点的峰值差值为2.9m/s，平均风速为0.92m/s，这是由于测点B整体的绿化量高、建筑密集度低，而A点由于体量小，绿化密集，因此出现了这样的情况（表3-14）。

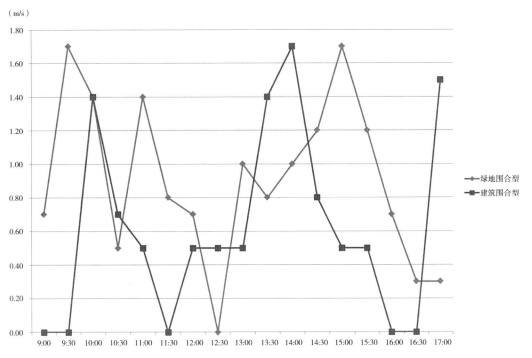

图3-28 平均风速变化图

中关村步行街区绿地空间风速数据分析（m/s）　　　　表3-14

	极大值	极小值	均值	标准差	方差
测点A	2.90	0	0.92	0.58	0.33
测点B	2.10	0	0.66	0.56	0.31

3.5.4　太阳辐射实测结果及分析

　　虽然受到建筑阴影、云量变化的影响，但各个测量点太阳辐射的变化总体趋势是一致的，均表现为早晚低，上午有明显的上升，中午13:00后开始下降。各个测量点的太阳辐射平均值大小排序为：测点B＞测点A，测点B的最大平均辐射值达到805W/m²，最小为215W/m²，从方差来看，测点B的太阳辐射波动也很大，这是由于测点B处于建筑围合型绿地，测点受到建筑的干扰相对较大，使得测点长期处于建筑阴影下（图3-29、表3-15）

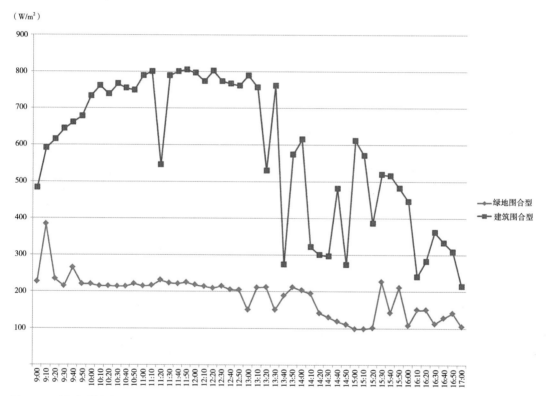

图3-29　太阳辐射变化图

中关村步行街区绿地空间太阳辐射数据分析（W/m²）　　　　表3-15

	极大值	极小值	均值	标准差	方差
测点A	383	98	188	53.78	2891.90
测点B	805	215	584	191.93	36836.08

3.5.5 热舒适度问卷结果

中关村中有A（绿化围合型绿地）、B（建筑围合型绿地）两个调查问卷发放点。表征人体热反应（PMV）投票结果分析，A测量点和B测量点，分别有72.2%和94.4%的受访者感觉热或暖，其余人的冷热感觉较适中；而且从问卷可以看到，B点一开始就有人反应很热，且比A点提前先热，这说明B点受到周边建筑围合、建筑材料的影响，温度的上升很快；A点虽然也有不少人感觉较热，但从调查问卷显示有一个明显的温度上升和下降的过程（图3-30）。

湿度感觉投票（HSV）结果分析，A测量点（绿化围合型绿地）和B测量点（建筑围合型绿地），分别有27.8%和38.9%感觉干燥或非常干燥；并且B点从中午开始一致延续到下午3点都有人感觉干燥，这与湿度变化曲线中所反映的B点湿度低于A点相吻合，上午人们感觉A点比B点湿度要大，而这种感觉一直持续到下午，相对于A点来说，B点不利于降温增湿（图3-31）。

风度感觉投票（WSV）结果分析，A测量点（绿化围合型绿地）和B测量点（建筑围合型绿地），超过半数的人感受为微风，人们在A点对风速的感觉比较平稳，基本为微风；但在B点从下午开始，有28%的人明显感觉到了风速上升，这契合了风速变化曲线中B点风速两次变大的表现（图3-32）。

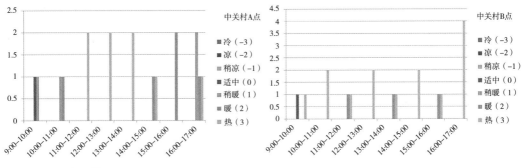

图3-30　PMV投票结果

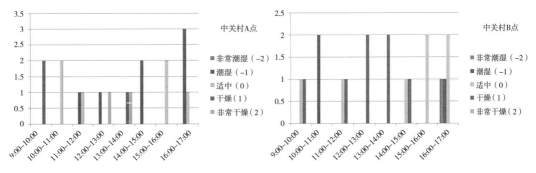

图3-31　HSV感觉投票

综合热舒适投票（OSV）结果分析，A测量点（绿化围合型绿地）和B测量点（建筑围合型绿地），分别有44%和88%的人表达了不适感。人们对于A、B两点环境的感受差别非常明显。B点受到周边建筑的影响，加上天气暴晒的原因，人们对于B点的环境舒适程度不适感明显高于A点，而对于A点来说，人们之间的差别感受较大。由此看来，A点对于周围环境气候有一定的调节作用（图3-33）。

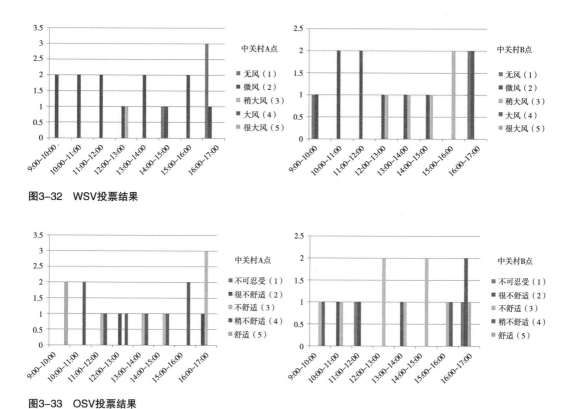

图3-32　WSV投票结果

图3-33　OSV投票结果

3.6　金鱼池社区夏季微气候实测结果分析

3.6.1　空气温度实测结果及分析

测量时间为2016年8月22日，当日气温25℃~32℃，多云，风力1级。金鱼池社区共设定三个测量点，分别为A（建筑围合型）、B（平行型）、C（穿插型），测点分布如图3-34所示。

金鱼池社区在当日实测时间内三点分别记录有效空气温度样本147个，通过对数据的整理发现，测点A、B、C的变化波动情况虽然略有差异，温度数值上也有所差别，但总体趋势表现为早晚低，中午过后开始有3次明显的波动，下午达到峰值，晚上的温度均高于早上，这与当日气象台的温度变化也不尽相同。

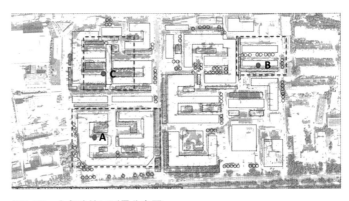

图3-34　金鱼池社区测量分布图

　　测点A、B、C均位于小区的西侧，建筑布局影响了绿地的格局，因此呈现出了3种绿地格局类型。测量点A的峰值出现在14：50，最大值为34.1℃，极差为5.2℃；测点B温度的最大值为36.0℃，出现的时间为14：40，极差为6.5℃；测量点C的峰值出现在13：40，温度为34.7℃，是本次测量中峰值出现最早的，极差为4.3℃（图3-35、表3-16）。

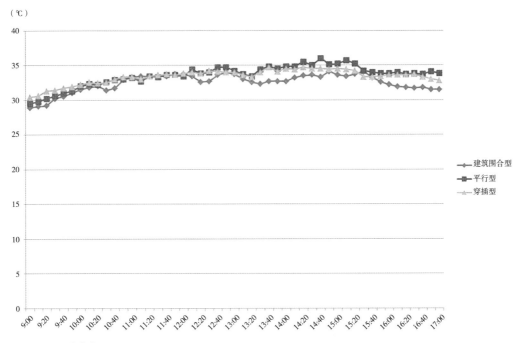

图3-35　温度变化图

金鱼池社区绿地空间空气温度数据分析（℃）　　　　　　表3-16

	极大值	极小值	均值	标准差	方差
测点A	34.1	28.9	32.5	1.28	1.63
测点B	36.0	29.5	33.5	1.47	2.17
测点C	34.7	30.4	33.4	1.02	1.04

经过对三个测量点的均值计算，得出如下排序：测量点B＞测量点C＞测量点A，其中B点最大，A点最小，二者相差1℃。测量点A的起始温度最低，比另外两点低了0.6℃、1.5℃，这是由于A点处于建筑围合型绿地格局，绿地周边被建筑所围合，受到建筑阴影干扰多，接收的太阳辐射少；测点A和B的标准差显示出这两点的温度变化波动比C大，主要是由于穿插型绿地受到建筑阴影干扰相对较少。从三点的极差来看，测点B＞测点A＞测点C，最大与最小相差了2.2℃，说明在温度上升的过程中，穿插型绿地格局的降温程度优于另外两种，但温度的峰值出现的时间却早于A、C，出现这种情况的原因可能是受到风速、太阳辐射的影响。

3.6.2　相对湿度实测结果及分析

在对比相对湿度当天的测量值，首先各个测量点所反映的变化波动与温度是呈现负相关的，整体变化趋势表现为中间低早晚高，早晚的相对湿度相当，晚上微低于早上。三个测量点在相同时间内所呈现的变化幅度越有差别，而在全天相对湿度变化差异最大的是测点A，最大变化的幅度达到了18%。全天测量时间内，三点的相对湿度均从早晨开始下降，整体在13：00附近达到最低值，并伴有明显的波动，随后各个测量点的相对湿度逐渐回升（图3-36）。

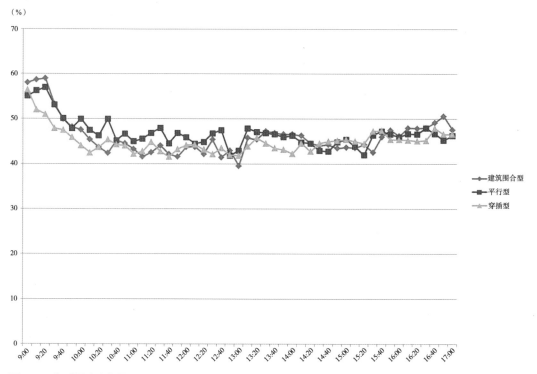

图3-36　相对湿度变化图

从图表来看，三点的相对湿度变化趋势一致，极值也相差不多。但A点的方差明显高于B、C点，这是由于A点处于建筑围合型格局中，受到建筑阴影的影响高于平行型绿地的时间多，验证了太阳辐射对于相对湿度具有一定的影响，遮挡的情况下相对湿度高于无遮挡的情况。B点和C点方差相差不多，B点略高，这是由于B点处于平行型绿地中，平行型绿地格局会受到建筑的影响，形成风廊，因此风速对于相对湿度也是有一定影响的。

此外，各个测量点所处的虽然环境不同，但三个点的相对湿度均介于40%~60%，同一时间内三个测量点的数值是不同的，通过对比三个测量点平均相对湿度发现，测点B＞测点A＞测点C，故穿插型绿地格局较另外两种类型不利于增湿（表3-17）。

金鱼池社区绿地空间相对湿度数据分析（%）　　　　表3-17

	极大值	极小值	均值	标准差	方差
测点A	59.0	39.6	46.1	4.13	17.07
测点B	57.0	41.9	46.8	3.14	9.84
测点C	56.5	41.6	45.0	2.68	7.20

3.6.3　平均风速实测结果及分析

在9: 00~17: 00的测量时间内，各个测点分别采集了有效风速数据147个，对比各个测量点发现，风速由于受到天气、环境等因素的影响，样本数据变化的曲线差异很大，因此对测量的风速每半小时求均值，得到各个时间段风速均值的变化曲线，如图3-37所示。虽然各个测量点的风速变化波动差异较大，但波动的时间段是一致的。总体来看，测点A、C在11: 30~15: 00的波动趋势一致，A、B、C测点到了下午13: 30~15: 00也一致，上午风速有明显增大的现象，下午的风速明显高于上午。

各个测点的全天平均风速按照大小排序依次为：测点C＞测点B＞测点A，测点A平均风速最小，数据为0.29m/s，测点B与测点C相差不大，分别为0.43m/s、0.48m/s。测点B属于典型的平行型绿地，绿地处于东西走向的"风廊"之中，绿地通风效果最好，因此测点B的风速变化波动最小；反之，测点A处于建筑围合型绿地中，受到周边建筑和绿化的遮蔽作用，虽然场地会形成旋风，但有些时候场地处于微风或静风状态，因此它的均值不高；测点C属穿插型绿地，其与平行型绿地相同，建筑的布局对于风向有一定的导向作用，通风良好的同时，会受到导向风的影响产生较大的波动（表3-18）。

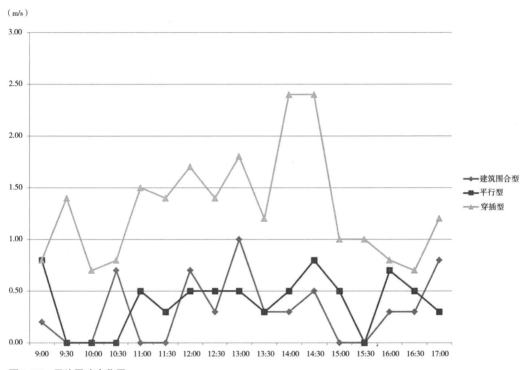

（m/s）

图3-37 平均风速变化图

金鱼池社区绿地空间风速数据分析（m/s）   表3-18

	极大值	极小值	均值	标准差	方差
测点A	1.50	0	0.29	0.35	0.12
测点B	1.20	0	0.43	0.30	0.09
测点C	2.40	0	0.48	0.48	0.23

3.6.4 太阳辐射实测结果及分析

三点的太阳辐射变化如图3-38所示，从样本数据来看，三个测量点的太阳辐射的变化波动和幅度都很大，这与测量当天云量变化、太阳对建筑照射所产生的阴影都有关系。A、B、C三个测量点太阳辐射的变化总体趋势是一致的，均表现为上午有明显的上升，午后开始下降。

各个测量点的太阳辐射平均值大小排序为：测点C＞测点B＞测点A，测点C的最大平均辐射值达到840W/m²，最小为182W/m²。从方差来看，测点C的太阳辐射波动是最大的，这是由于测点C处于穿插型绿地中，在建筑布局散布的情况下，受到建筑阴影干扰的情况较多。测点A的建筑围合型绿地受到建筑的四边干扰，较平行型绿地，波动更高（表3-19）。

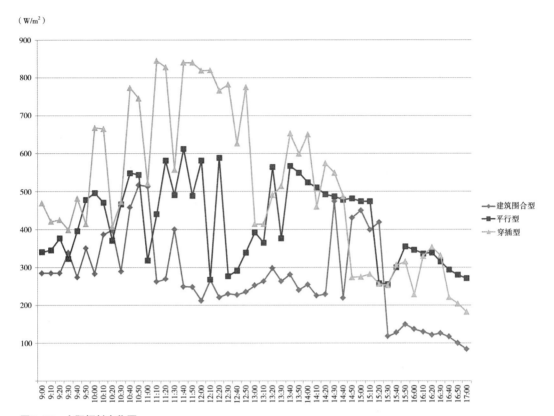

（W/m²）

建筑围合型
平行型
穿插型

图3-38 太阳辐射变化图

金鱼池社区绿地空间太阳辐射数据分析（W/m²）　　　　　　　　表3-19

	极大值	极小值	均值	标准差	方差
测点A	517	84	273	110.40	12187.82
测点B	612	271	419	105.28	11083.35
测点C	840	182	510	200.81	40323.53

3.6.5 热舒适度问卷结果

在金鱼池社区中有A（建筑围合型绿地）、B（平行型绿地）、C（穿插型绿地）三个调查问卷发放点。表征人体热反应（PMV）投票结果分析，A测量点、B测量点和C测量点，分别有25.9%、9.1%和87.5%的受访者感觉较热，其余人的冷热感觉较适中；C点在中午左右开始出现热感评价，这与温度曲线中所反映的最早出现温度峰值相吻合。相对于A、B两点来说，人们认为B测量点的冷热感受程度较为适中，而在A点人们的热感较高，由此来看，平行型绿地对于周围温度的升高具有减缓作用（图3-39）。

　　湿度感觉投票（HSV）结果分析，A测量点（建筑围合型绿地）、B测量点（平行型绿地）和C测量点（穿插型绿地），分别有3.7%、36.4%和25%感到干燥；人们对于A、B、C三点的湿度感觉有明显的差异，B、C点的湿度稍高于A点。早上人们在A点感觉环境较湿润，随着太阳西移，温度升高，但由于A点处于建筑围合型绿地中，不利于通风，空气的交换频率降低，因此A点是比较潮湿的。B、C两点在相同时刻，C点比B点的湿度舒适感要高，因此C点对环境的增湿比A、B两点明显（图3-40）。

　　风度感觉投票（WSV）结果分析，A测量点（建筑围合型绿地）、B测量点（平行型绿地）和C测量点（穿插型绿地）的大风感受人群分别为11.1%、0%和25%。人们普遍认为B点风速感

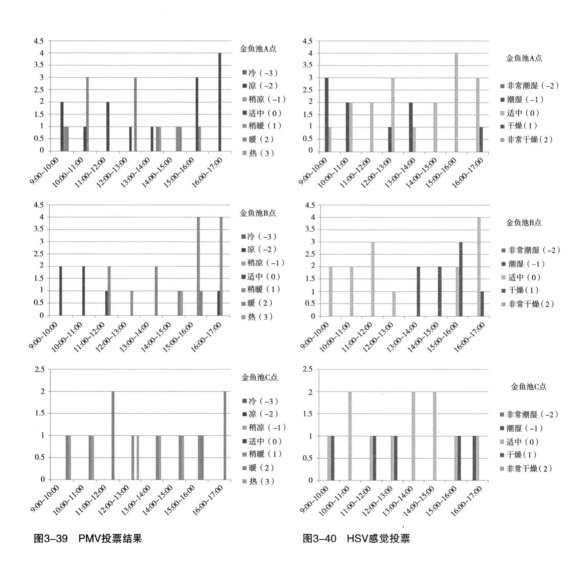

图3-39　PMV投票结果　　　　　　　　　　**图3-40　HSV感觉投票**

受不太明显，而A点虽然能明显感受到风速，但其同一时间内风速差别较大，瞬时的风力较强。C点是唯一一处始终都有风，且阵时伴有稍大风的测量点，由此看来，C点的整体通风效果好于A、B两点（图3-41）。

综合热舒适投票（OSV）结果分析，A测量点（建筑围合型绿地）、B测量点（平行型绿地）和C测量点（穿插型绿地）分别有40.7%、57.1%和87.5%的人表达了不适感。人们对于A、B点的舒适感觉明显好于C点，但个体差异很明显，有较大的浮动偏差。而综合热舒适感的整体投票显示，A点比B、C要舒适，这与各个要素所反映的又有所矛盾，这说明环境的舒适感不仅受到温度、湿度、风速的影响，也会因个体差异影响而有所改变。不能单纯靠某一因素判断环境的舒适感，需要综合研究（图3-42）。

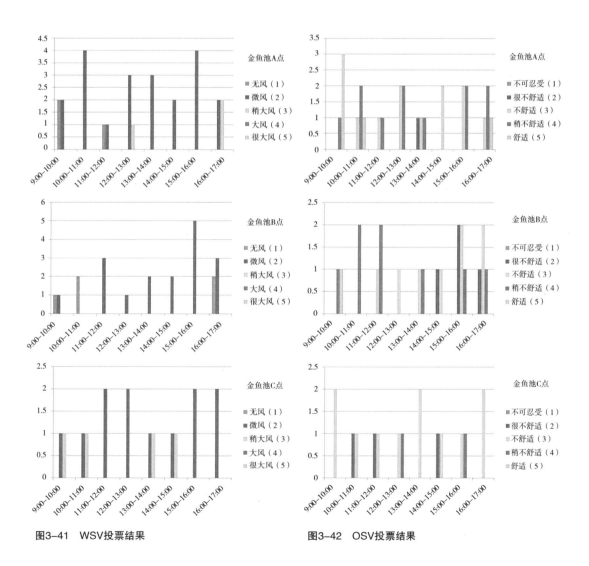

图3-41　WSV投票结果　　　　　　　图3-42　OSV投票结果

3.7 西井社区夏季微气候实测结果分析

3.7.1 空气温度实测结果及分析

测量时间为2016年8月19日，当日气温22℃~32℃，晴朗，风力2级。金鱼池社区共设定三个测量点，分别为A（平行型）、B（穿插型）、C（建筑围合型），测点分布如下图所示（图3-43）。

西井社区实测的各个测点共计收集到有效的空气温度样本147个，三点温度变化趋势是一致的，A、B、C三点的数据

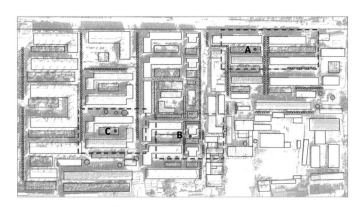

图3-43 西井社区测量分布图

呈现出上午低，中午逐渐升高并在下午到达峰值，晚上的温度高于上午，总体呈现为早晚低下午高的曲线特征。

测点A处于小区北侧入口处，属于典型的平行型绿地，测点B处于小区南侧绿地，为穿插型绿地，C点则表现为典型的建筑围合型绿地。测量点A的峰值出现在16: 50，最大值为34.1℃，极差为5.7℃；测点B温度的最大值为33.0℃，出现的时间为15: 50，极差为4.5℃；测量点C的峰值出现在15: 00，温度为34.1℃，是本次测量中峰值出现最早的，极差为5.9℃（图3-44）。

对三个点进行均值计算，得到测点B＞测点C＞测点A，其中穿插型B点最大，A点平行型最小，二者仅相差0.31℃。三点的起始温度基本持平，C点在下午15: 00~15: 40高于另外两点，之后便处于始终低于另外两点，也就是说太阳在下降过程中，建筑围合型绿地受到建筑阴影干扰最多，接收的太阳辐射少。测点A、C的标准差比C要略大，也就是说明穿插型绿地受到建筑阴影干扰相对少。从三点极差来看，测点C＞测点A＞测点B，C、A两者相差甚小，反而是穿插型绿地的B点与另外两点相差了1.2℃~1.4℃，也就是说，穿插型绿地在升温过程中，减缓温度上升或下降的程度优于另外两种。这和穿插型绿地较好的遮阴效果也有关系（表3-20）。

西井社区绿地空间空气温度数据分析（℃）　　　　　　表3-20

	极大值	极小值	均值	标准差	方差
测点A	34.1	28.4	31.5	1.53	2.37
测点B	33.0	28.5	31.8	1.25	1.57
测点C	34.1	28.2	31.6	1.54	2.38

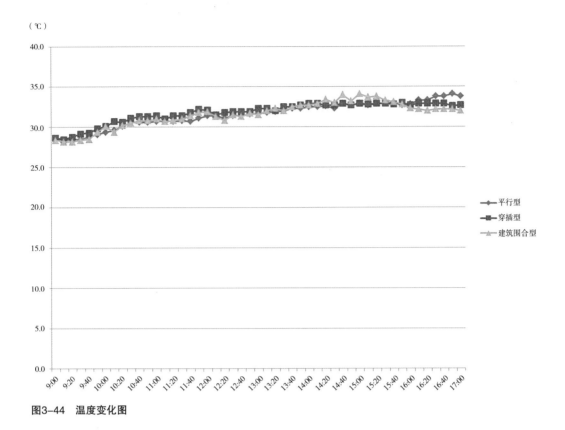

图3-44　温度变化图

3.7.2　相对湿度实测结果及分析

在测量的时间内，各个测量点的相对湿度变化与温度变化的趋势相反，表现为随着温度的上升逐渐下降，早上的相对湿度明显高于晚上。三点的变化趋势一致，但波动幅度有所差别，最大幅度达到了21%。B、C点在15∶20左右达到最低值，随后开始上升；A点则在17∶00到达，并在16∶20开始始终低于另外两点（图3-45）。

从图表来看，三点的相对湿度变化趋势一致，极值也相差不多。C点的方差高于A、B点，这是由于C点处于建筑围合型格局中，受到建筑阴影的影响高于平行型绿地的时间多，遮挡的情况下相对湿度高于无遮挡的情况，验证了太阳辐射对于相对湿度具有一定的影响。A点方差明显高于B点，平行型绿地格局会受到建筑的影响，形成风廊，因此相对湿度可能会由于风速这一因素而变化波动。另外，A、B、C三个测量点虽然在同一街区内，但受到建筑布局、绿地布局的影响，数值上有所差异，但三个点的相对湿度均介于40%~65%。分别对A、B、C三点进行平均相对湿度求值，比较发现，二点平均相对湿度大小排列为A＞B＞C，建筑围合型绿地格局较另外两种类型不利于增湿（表3-21）。

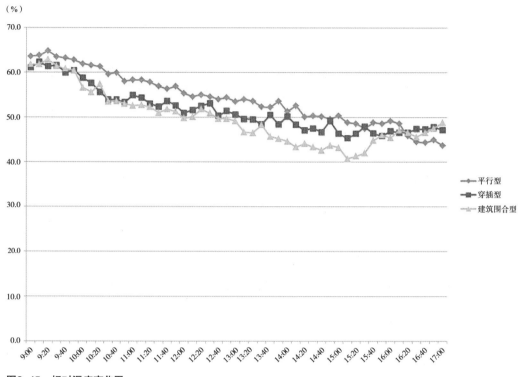

图3-45 相对湿度变化图

西井社区绿地空间相对湿度数据分析（%）   表3-21

	极大值	极小值	均值	标准差	方差
测点A	64.8	43.7	54.1	5.76	33.23
测点B	62.3	45.3	51.5	4.77	22.75
测点C	62.9	40.7	49.8	5.90	34.76

3.7.3 平均风速实测结果及分析

　　对测量的147个样本风速每半小时求均值，得到各个时间段风速均值的变化曲线，如图3-47所示。虽然各个测量点的风速变化波动差异较大，但总体趋势是一致的，风力逐渐减弱。整体来看，测点A、B、C在10:30发生第一次交集，随后平行型绿地开始下降，并始终低于建筑围合型绿地；平行型绿地与穿插型绿地第二次交集发生在11:30，开始高于穿插型，14:00第三次交集且又低于了穿插型。穿插型绿地和建筑围合型也在10:30、14:30发生了两次明显的相反现象（图3-46）。

　　在对三个测点进行平均风速的求值，得到结果根据大小排列：测点A ＞测点B ＞测点C，测

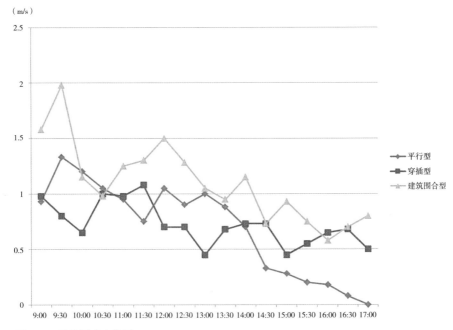

图3-46　平均风速变化图

点B和测点A的平均值相差不多，测点C的平均风速最小，为0.74m/s。测点A属于典型的平行型绿地，绿地通风效果最好。测点C处于建筑围合型绿地中，受到周边建筑和绿化的遮蔽作用，虽然场地会形成旋风，但有些时候场地处于微风或静风状态，因此它的均值不高，且方差最大，波动最大。测点B处于穿插型绿地中，与平行型绿地不同，建筑对于风有一定的阻碍作用，因此风速波动比较平稳（表3-22）。

西井社区绿地空间风速数据分析（m/s）　　　　　　　　表3-22

	极大值	极小值	均值	标准差	方差
测点A	2.40	0	1.09	0.51	0.26
测点B	1.50	0	0.75	0.33	0.11
测点C	1.90	0	0.74	0.55	0.31

3.7.4　太阳辐射实测结果及分析

从太阳辐射的样本数据来看，三个测量点太阳辐射的变化波动和幅度都很大，这与测量当天云量变化，太阳对建筑照射所产生的阴影都有关系。两个测量点太阳辐射的变化总体趋势是一致的，均表现为早晚低，上午有明显的上升，中午12:40后开始下降（图3-47）。

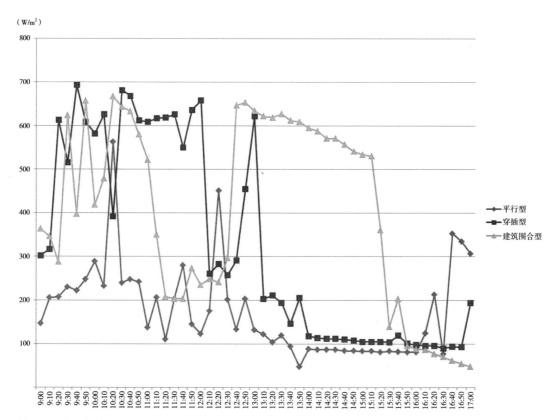

图3-47 太阳辐射变化图

太阳辐射的变化曲线不能比较出其变化特点，因此对三个测量点进行平均值求值，得到结果按照大小排列为：测点C＞测点B＞测点A。平均太阳辐射最大的为测量点C，最大达到667W/m²，最小为47W/m²。从方差来看，测点B的太阳辐射波动是最大的，这是由于测点C处于穿插型绿地中，建筑布局散布的情况下，受到建筑阴影干扰的情况较多。测点C的建筑围合型绿地受到建筑的四边干扰，较平行型绿地，波动更高（表3-23）。

西井社区绿地空间太阳辐射数据分析（W/m²）　　　　　　　　　　　　表3-23

	极大值	极小值	均值	标准差	方差
测点A	353	47	175	103.77	10768.27
测点B	693	90	329	227.05	51549.55
测点C	667	47	401	211.30	44647.10

3.7.5 热舒适度问卷结果

在西井社区中有A（平行型绿地）、B（穿插型绿地）、C（建筑围合型绿地）三个调查问卷发放点。表征人体热反应（PMV）投票结果分析，A测量点、B测量点和C测量点分别有55%、5%和8.3%的受访者感觉较热，其余人的冷热感觉较适中；相对于A、C两点来说，人们认为B测量点的冷热感受程度较为适中，而在A点人们的热感较高，C点与B点的湿热程度不相上下，由此来看，B点对于周围温度的升高具有减缓作用（图3-48）。

湿度感觉投票（HSV）结果分析，A测量点、B测量点和C测量点分别有44%、30%和25%感到干燥，人们对于A、B、C三点的湿度感觉有一定差异，C点的湿度稍高于A、B两点。早上人们在A点感觉环境较湿润，随着太阳西移，温度升高，人们感觉C点逐渐湿润（图3-49）。

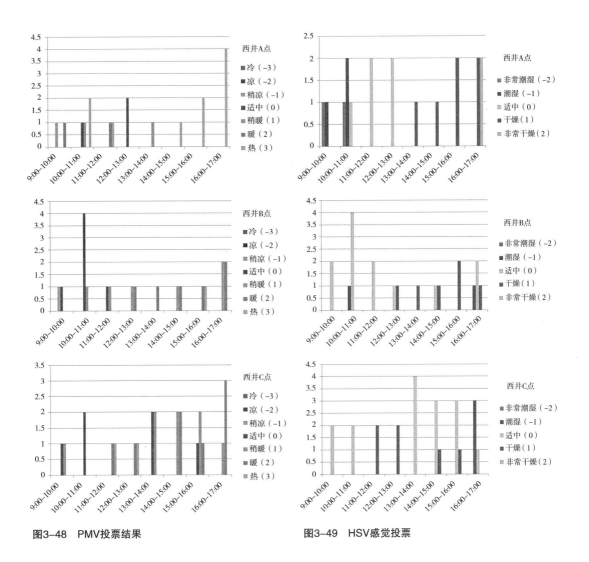

图3-48 PMV投票结果   图3-49 HSV感觉投票

风度感觉投票（WSV）结果分析，A测量点、B测量点和C测量点大风感受人群分别为11%、5%和12.5%，人们普遍认为A点全天风速较为均匀，B点风速感受不太明显，而C点虽然能明显感受到风速，但其同一时间内风速差别较大，瞬时的风力较强。由此看来，A点的整体通风效果好于B、C两点（图3-50）。

综合热舒适投票（OSV）结果分析，A测量点、B测量点和C测量点分别有50%、10%和66%的人表达了不适感。人们对于B点的舒适感觉明显好于A、C两点，而且人们的感受较为一致，没有很大的浮动偏差。由此看来，B点相对于A、C两点来说环境较为舒适（图3-51）。

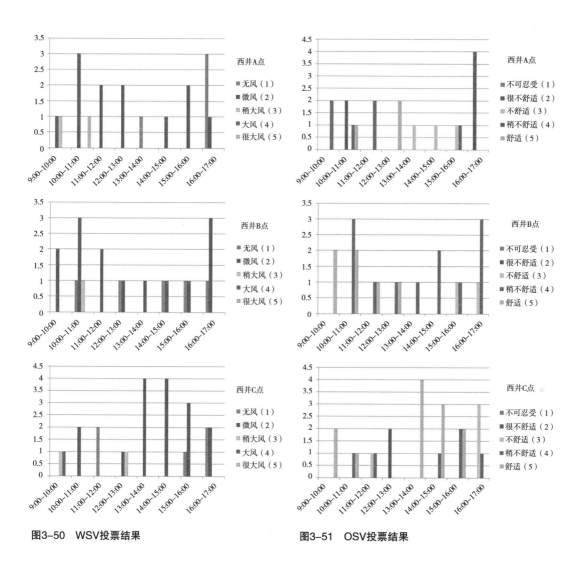

图3-50　WSV投票结果　　　　　　　图3-51　OSV投票结果

3.8　本章小结

对不同街区进行微气候测量是绿地格局优化研究的基础，是接下来数值模拟的数据来源，有着重要的作用，本章主要通过仪器对各个街区进行微气候监测，得到不同绿地格局的热环境及风环境变化特征，并以内部选取的测量点为基础，为数值模拟提供可靠的数据支持。

（1）温度

不同的绿地格局对于温度的影响作用不同，建筑围合型绿地最容易受到建筑阴影的影响，因此温度的波动会相对较大；平行型绿地格局、绿化围合型对温度的上升都有减缓作用；散布型绿地受到建筑干扰最少，温度达到峰值的时间明显高于其他绿地；穿插型绿地格局的降温程度优于绿化围合型和建筑围合型。

（2）相对湿度

绿化围合型绿地的相对湿度明显高于其他类型；由于建筑围合型、平行型绿地是最容易受到建筑阴影影响的，建筑围合型影响更多，太阳辐射对于相对湿度也有一定的影响；平行型绿地通风效果好，对于场地内的湿度稳定有影响；散布型、穿插型绿地由于绿地分散，不利于增湿；建筑围合型绿地容易受到建筑所造成的旋风影响，再次验证风速对于相对湿度有影响。

（3）风速

平行型绿地受到建筑布局的影响，形成夹道风，通风好且波动比较明显，但差值不大；建筑围合型绿地比较闭塞，容易受到旋风影响，风速的波动较大。穿插型绿地与平行型绿地相同，建筑的布局对于风向有一定的导向作用，通风良好的同时，会受到导向风的影响并产生波动。

（4）太阳辐射

太阳辐射由于受到建筑、植物阴影干扰明显，因此每个类型绿地还要视情况具体分析，其中建筑围合型绿地、平行型绿地受到建筑阴影的干扰明显，会出现骤降现象。

第四章

模拟验证

——北京城市街区绿地格局微 气候数值模拟分析

4.1　国内外城市微气候数值模拟应用概况

　　国内外对于ENVI-MET城市微气候模拟软件的应用已经基本成熟，模拟范围从微观到中观尺度均有。在下垫面模拟方面，研究的对象主要针对街区公园、建筑、住宅区活动场地的不同下垫面对微气候的影响及评价[10]；也有学者对建筑墙体绿化、屋顶绿化后的建筑模拟研究，比较建筑绿化前后对城市微气候的影响[61][62]。在植被模拟方面，ENVI-MET不仅可以模拟绿地环境，还可以模拟乔木草坪这样的环境，但并不能模拟灌木植被。该软件已具备自身植物模型库，不同的植物品种被简化为体块模型，并为其设定了LAD和RAD计算指数，以便模拟植物叶片在大气环境中所产生的蒸腾作用、蒸发作用和热交换效应[63]。不过由于软件还在不断地更新升级中，目前软件已具备的城市地区范围有限，因此树的品种仅有四十余种，不能覆盖所有树型，因此在植物品种对于城市微气候方面的影响也就较少涉及。

　　国外对于ENVI-MET城市微气候模拟软件的研究起步较早，早在20世纪90年代，德国学者Bruse等人就运用该软件模拟城市表层在受到植物与大气的相互作用后的环境特征，并利用此方法研究分析了小型场地的空气温度环境特征[64]，还研究了绿化街道、屋顶绿化两种绿化形式对墨尔本城市微气候环境的影响[65]。Wong等人将学校分为多个绿块，结合实测数据，通过软件模拟不同条件下不同的绿化条件对微气候环境的作用结果，发现绿化率的改变对场地温度变化可达1℃[66]。相似的研究还有Cynthia对商业中心绿地的微气候特征研究，以实测数据为辅助条件设定ENVI-MET模型模拟条件，进行了多次场景模拟后得到每增加5%的绿地，其空气温度可降低1℃，反之没有树木的沥青路温度会增加3.2℃[67]。M.F.Shahidan等人运用ENVI-MET实现控制变量，调整铺地材料、优化树种来检测绿化的降温效果，来探求城市热岛效应问题[68][59]。在热带湿热气候条件下，通过这样的方法可以平均降低3.5℃和2.7℃，而夏季的亚热带湿热气候条件下，高密度的中心地区每增加33%的树木即可降低1℃的空气温度[51]。

　　国内关于该软件的应用研究集中在城市覆盖冠层级别，比如城市街区、住宅区绿地的微气候环境研究。在研究软件与实测数据是否具备一定可靠性方面，王振在其博士论文中以武汉某街区作为研究对象，通过对比验证该街区夏季和冬季室外的实测与模拟值，并对街区几何形态、环境特征和建筑布局形式[10]进行归纳整理，并对改变上述条件后进行数值模拟研究，发现不论从空气温度、相对湿度还是风速风向实测数据与模拟值都是相近的[26]。史源对北京西单商业街建立了ENVI-MET模型，对其进行夏季和冬季的室外热环境及热舒适度进行评价，此文对西单今后的规划改进提出了设计改造建议[70]。陈卓伦以广州一居民住宅小区为研究对象，对其进行了夏季微气候环境实测，分析了高度2m处的空气温度、湿度、风速等气候环境特征，并结合模拟软件对不同绿化类型、绿化组合方式及其分布方式进行了模拟分析和热舒适度评价[71]。

　　目前，ENVI-MET模拟软件对于城市风环境和大气污染源对微气候环境的应用也较多，ENVI-MET本身可以设置污染源，能较为准确反映污染物在大气环境中的扩散情况。Kruger等研究了街道在受到街道朝向和风向的影响下，氮氧化物扩散受到的影响，结果表明街道的通风明显影响污染物浓度[72]。Jesionek等研究发现街道高宽比对街道的污染浓度有所影响，并且植物对污染颗粒物具有明显的沉降作用，街道两侧的植被越密集，空气中的颗粒物浓度越低[73][74]。周宇在上海瑞金二路商业街中分析研究了城市车辆尾气的扩散方式，反映了运用软件更好地改善建筑设计和风场营造[75]。

总结国内外ENVI-MET在城市绿地微气候研究方面的应用情况可以看到，无论是在中观尺度下运用软件研究城市微气候环境，还是研究微观景观元素变化对微气候环境的改善、优化都得到了广泛使用。从研究形式来看，通常会以实地微气候监测与GIS、遥感卫星影片相结合，因软件自身模拟网格的限制，通常宏观方面的研究较少涉猎，而研究建筑领域、中观尺度较多，对植物品种搭配的研究较少。从研究对象来看，建筑单体、居住小区、街区、校园等中小尺度的场地作为研究对象的较多，且大多数研究以夏季为主。

经过对ENVI-MET城市微气候软件的综合学习与考量，再结合上述研究方法、方向及结果等方面，本书认为ENVI-MET能够较为准确地反映所研究的绿地格局对街区夏季微气候的影响。本书首先会对五种街区类型进行建模，结合实测数据进行模拟，设定初始模拟条件，验证研究五种街区绿地格局的夏季微气候环境特征，并验证ENVI-MET模拟的可靠性，进一步研究绿地格局对北京城市街区夏季微气候的影响差异。

4.2　ENVI-MET城市微气候软件

4.2.1　软件的基本参数设置

ENVI-MET城市微气候模拟软件由德国波鸿大学地理研究所的Michael Bruse和Heribert Fleer共同开发[10]，本书所使用的版本是ENVI-MET 4。软件的模拟计算原理是基于计算机流体力学和热力学等相关理论，对建筑的外表面、植物植被、空气之间的热应力关系进行计算，实现对微气候环境的数值模拟。模型计算的结果能够反映建筑物周围及建筑之间的流场、地表和墙面处的热交换过程、建筑物理、植物植被对微气候的影响[76]。ENVI-MET的计算水平解析度可精确到5~10m，最大时间步长为10s，模拟的时间周期可设置为24~72h，适合中小尺度下的城市微气候环境模拟[76]。

ENVI-MET 模拟软件的模拟空间是由三维主模型、一维边界、土壤模型以及嵌套网格所组成，如图4-1所示。在2.5km的大气边界高度下，一维边界模型与二维、三维边界模型相互建立的运算模式，实现二者之间边界条件的延续与转换，增加主模型中模拟的准确性[10]。这种模型在满足竖直方向上的变量要求下，还可以节省模型空间，因此该软件的运算既满足了模型对计算结果的精确要求，还可减少网格覆盖空间。

ENVI-MET微气候模拟软件的网格精度可以设定在 0.5~10m之间，网格数最大为250×250×30m。使用时根据对模型结果的精确度要求、模拟区域的面积来设定网格精度，当然网格精度越小，模拟的结果越接近真实环境[13]。为了保证模拟结果不会产生较大的偏差，在建立模型主要区域的时候要让边界远离模拟中心，这样做的目的是为了减少边界模拟

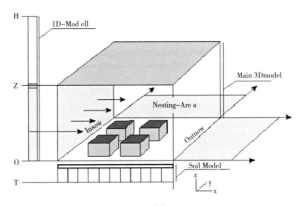

图4-1　ENVI-MET模型结构图[74]

结果对整体模拟的影响。再根据模型的实际情况，设定好嵌套网格精度、经纬度坐标、比例、下垫面属性、用地类型，还可借助于BMP格式的地图协助建模，以保证模型的精准性，为后期模拟结果的准确性奠定基础。

在建立好模型后，需要先对模拟区域进行计算条件的设定，首先是模拟的起始结束时间，通过时长来决定结束时间，本书主要研究的是9: 00~17: 00，因此开始时间设置在8: 00，共计模拟10个小时。然后对风速、风向、起始温度、相对湿度进行设定，可以根据实测数据来控制，还可以设定峰值来控制以免数据差异过大。最后可根据研究情况设定环境中的热参数、反射率等参数[74]。初始条件的设定会对计算模拟的结果产生影响，因此计算前一定要根据实测值确立准确的数值范围，以避免因初始条件错误导致的结果差异。（表4-1）

ENVI-MET输入设置内容　　　　　　　　　　　　　　表4-1

类别	输入量
基础设置	输入输出路径、模拟时间、模拟时长、起始时间
气象参数	地理位置、10米高风速、风向、初始空气温度、255米高度含湿量、2米高相对湿度、云量、太阳辐射强度调整系数
下垫面及建筑属性	不同深度土壤初始温度及相对湿度、建筑室内温度、维护结构传热系数及反射率
模拟控制参数	不同太阳高度角下的时间步长、边界条件种类、湍流模型、嵌入网格层数、嵌入网格下垫面属性

4.2.2　软件模拟的限制条件

与实测的方法相比，ENVI-MET微气候数值模拟技术运算快捷，周期短，不论从人力还是成本方面都耗费更少，可控制变量，并且在理想状态下可以有效避除夫研究对象本身以外其他影响因素对结果的影响，得到更为直观有效的结论。不过因为软件在计算方程上有所简化，

再加之流体力学的复杂性。所以虽然软件对于中观尺度的微气候模拟准确度和对流体力学的计算结果得到了普遍认可，但也还存在一些限制条件无法实现精细模型的建立，主要为以下几个方面：

（1）模型可以设定建筑表层材料，但不能够对建筑立面细部进行设计建模，比如窗户、装饰材料、遮阳棚[77]；

（2）模型的模拟空间尺度有限，对于下垫面的设定在建模过程中需要简化至2~3种，复杂的下垫面在中观尺度的模型中无法精确体现[78]；

（3）建筑模型体块自身不考虑热交换[77]；

（4）模拟水体仅限于静态的水体，不能结合水体自身流动的复杂条件，也没有设定喷泉、浇灌等设施系统；

（5）在模拟前计算设定的建筑材料反射率和热阻不会随着环境的复杂性而变化，而环境本身是复杂多变的[77]；

（6）建筑表层温度、平均辐射温度值均会比实际高。因为模型未能考虑建筑材料、植物等元素自身的蓄热性，且除了水汽蒸发未考虑其他作用对数值变化的影响，因而不论是辐射值还是温度值会有偏高的结果出现[77]；

（7）尽管可以输入初始条件的风速及风向，但风速风向条件是固定的，且风速是处于10米高的，无法进行动态的风环境评价[78]。

4.3 街区绿地微气候数值模拟的实测验证分析

4.3.1 西井社区绿地微气候实测与模拟结果分析

4.3.1.1 模型的建立

西井社区主要为居民楼，建筑之间设有绿地花园，楼房高度为12~15m，属于老旧小区建筑。研究区域面积为380m×265m，根据研究区域的情况设置网格分辨率为dx=5m、dy=5m、dz=5m。模拟气象数据采用当天的实测值，模拟开始时间为2016年8月19日9：00时，共模拟10个小时，初始温度为28.5℃，风向采用当日主导风181°，起始风速为1.2m/s，相对湿度设置为61%，粗糙度长度采用系统默认值0.1。为了更好地控制模拟的结果，还会将温度、湿度的极值及出现时间设置进去，模型区域外的下垫面主要为土壤和沥青，以便弱化模拟误差。鉴于在建立模型中简化了建筑体块、植物材料等因素，并未考虑特殊环境的情况，因此对于本书的研究范围暂不考虑某些特定环境的设定，仅就调研与实测的实际情况进行模拟，以实测数据设定初始条件（图4-2）。

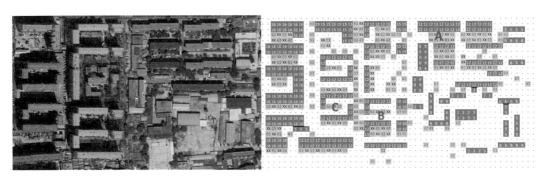

图4-2　西井社区平面图及模型平面图

4.3.1.2　实测与模拟结果分析

　　三点的实测值与模拟值变化曲线基本一致，A点在17:00时到达最高值，B点在14:00时达到峰值，C点在15:00时到达峰值，三点的模拟与实测值均能在同一时刻达到峰值。从三点的实测与模拟结果对比来看，A点的波动最小，上升最为平稳，并且A点是三点中到达最大值最慢的，这是由于A处于平行型绿地中，通风效果好且平稳，能够有效减缓升温速度；C点的极差最大，不难发现C点处于建筑围合型绿地中，建筑阴影能够影响温度的变化（图4-3）。

　　三点的相对湿度实测值和模拟值较一致，各个点的差值在误差允许范围内。对比三点发现，三点的相对湿度都在逐渐降低。C点的模拟湿度明显高于另外两点，而C点处于建筑围合型绿地中，受到建筑围合的影响，内部环境闭塞，不利于空气中水汽流失。A点的相对湿度最低，因为风不断促进水汽交换并带走热量，使得平行型绿地的整体降温增湿效果明显（图4-4）。

　　对三点的模拟风速值与实测值比较来看，

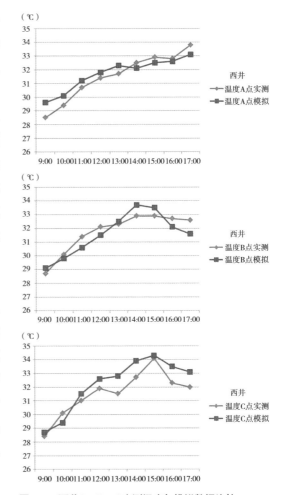

图4-3　西井A、B、C实测温度与模拟数据比较

风速的变化波动存在差异，波动幅度最小的是A点，平行型绿地通风效果好且平稳。C点的差异最大，因为C点处于建筑围合型绿地中，由于建

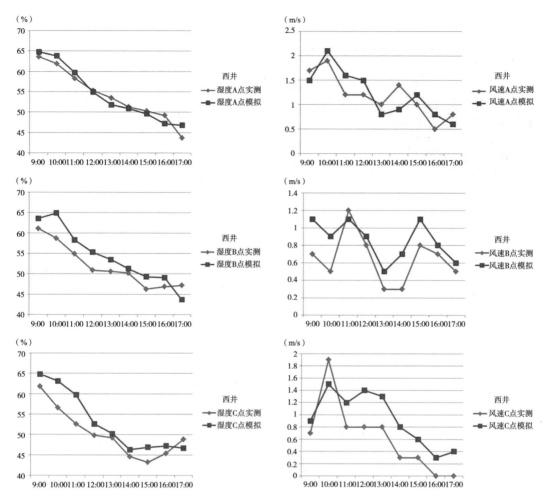

图4-4　西井A、B、C实测相对湿度与模拟数据比较　　图4-5　西井A、B、C实测风速与模拟数据比较

筑的围合，该绿地处于相对封闭的状态下，因此通风较差，在测量时一些建筑角隅容易形成瞬时旋风，所以出现峰值差异大的情况（图4-5）。

4.3.2 永乐西社区绿地小气候实测与模拟结果分析

4.3.2.1 模型的建立

永乐西社区主要为低矮的居民楼，建筑之间设有绿地花园，楼房高度为12~15m，研究区域面积为400m×255m，根据研究区域的情况设置网格分辨率为dx=5m、dy=5m、dz=5m。模拟气象数据采用当天的实测值，模拟开始时间为2016年7月22日9: 00时，共模拟10个小时，初始温度为27.5℃，风向采用当日主导风123°，起始风速为0.7m/s，相对湿度设置为75%，粗糙度长度采用系统默认值0.1（图4-6）。

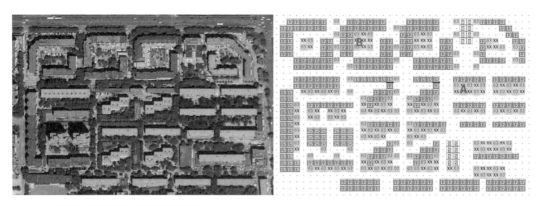

图4-6　永乐西小区平面图及模型平面图

4.3.2.2　实测与模拟结果分析

永乐西小区的模拟值与实测值曲线变化趋势较符合，均在13: 00到达最高值，温度逐渐升高，误差范围均在允许范围内。测点A位于平行型绿地中，气流交换频繁，因此整体的温度比B点要低。从曲线的变化波动来看，B点的波动较大，因为B点处于建筑围合型绿地中，容易受到建筑影响形成旋风（图4-7）。

全天的相对湿度实测值与模拟值吻合较好，两个测点的差距不大。从模拟与实测的结果来看，A点的增湿效应比B点早一个小时，这是因为A点处于平行型绿地中，受到风速的影响，绿地不断与外界环境进行水汽交换，使得增湿效果提前。而B点处于建筑围合型绿地中，内部通风效果差，不利于降温增湿（图4-8）。

不同测量点的实测与模拟风速波动明显，两点的峰值与波动变化误差在可允许的范围内。B点在建筑围合型绿地中，相对闭塞的环境下通风效果差，并且容易形成旋风，因此数据波动明显。而A点处于平行型绿地中，受到峡谷效应的影响，整体的风速变化一致（图4-9）。

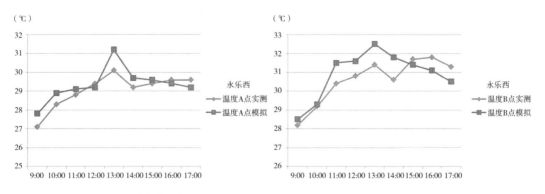

图4-7　永乐西A、B实测温度与模拟数据比较

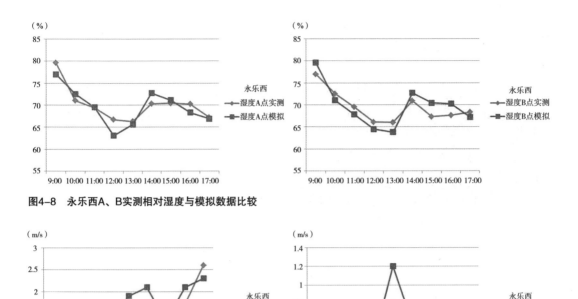

图4-8 永乐西A、B实测相对湿度与模拟数据比较

图4-9 永乐西A、B实测风速与模拟数据比较

4.3.3 中关村步行街绿地微气候实测与模拟结果分析

4.3.3.1 模型的建立

中关村步行街主要为商业步行街，主要人群为白领、IT人士，建筑之间设有绿地花园，楼房高度为30~45m，研究区域面积为450m×400m，根据研究区域的情况设置网格分辨率为dx=5m、dy=5m、dz=5m。模拟气象数据采用当天的实测值，模拟开始时间为2016年7月27日9: 00，共模拟10个小时，初始温度为27.8℃，风向采用当日主导风163°，起始风速为1.2m/s，相对湿度设置为68%，粗糙度长度采用系统默认值0.1（图4-10）。

4.3.3.2 实测与模拟结果分析

中关村步行街的模拟值与实测值曲线变化趋势较符合，A点在16: 00时到达峰值，B点在14: 00时到达最高值，温度随后下降，误差范围均在允许范围内。测点A位于绿地围合型绿地中，气流交换频繁，因此整体的温度比B点要低。从曲线的变化波动来看，B点的波动较大，因为B点处于建筑围合型绿地中，容易受到建筑影响形成旋风（图4-11）。

全天的相对湿度实测值与模拟值吻合较好，各个测点两点的差距不大。从模拟的结果来看，

A点的增湿效应比B点早一个小时，这是因为A点处于绿化围合型绿地中，受到风速的影响，绿地不断与外界环境进行水汽交换，使得增湿效果提前。而B点处于建筑围合型绿地中，内部通风效果差，不利于降温增湿（图4-12）。

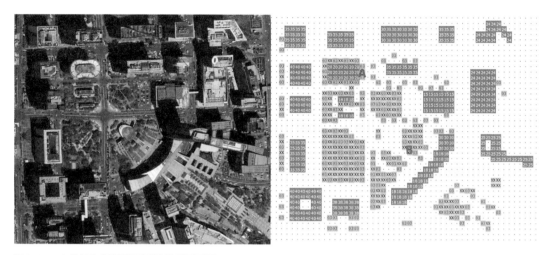

图4-10 中关村步行街平面图及模型平面图

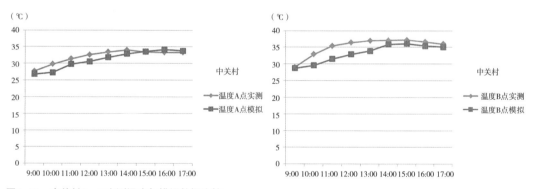

图4-11 中关村A、B实测温度与模拟数据比较

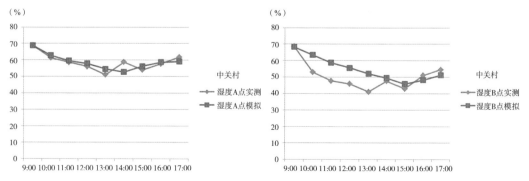

图4-12 中关村A、B实测湿度与模拟数据比较

由于本节模拟的主导风主要以实测时起始风向和夏季主导风东南风为主，模型空间简化了复杂的城市环境也就造就了相对稳定的模拟结果。从风速模拟的结果来看，不同实测点与模拟风速的波动很明显。A点位于绿化围合型绿地中，植物对于风速有所影响，B点在建筑围合型绿地中，相对闭塞的环境下通风效果差，并且容易形成旋风，因此数据波动明显（图4-13）。

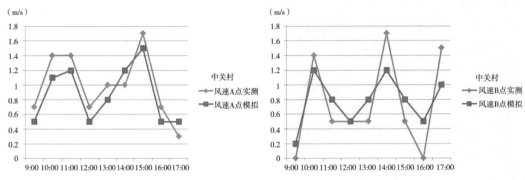

图4-13 中关村A、B实测风速与模拟数据比较

4.3.4 金鱼池社区绿地微气候实测与模拟结果分析

4.3.4.1 模型的建立

金鱼池社区主要为较新的低矮型居住小区，建筑之间设有少量绿地花园，楼房高度为12~15m，研究区域面积为360m×280m，根据研究区域的情况设置网格分辨率为dx=5m、dy=5m、dz=5m。模拟气象数据采用当天的实测值，模拟开始时间为2016年8月22日9：00，共模拟10个小时，初始温度为28.8℃，风向采用当日主导风148°，起始风速为0.3m/s，相对湿度设置为58%，粗糙度长度采用系统默认值0.1（图4-14）。

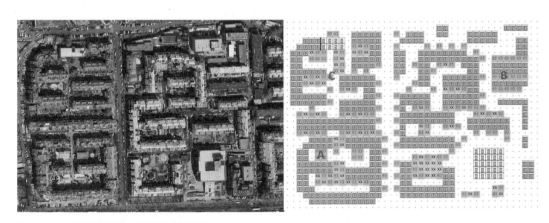

图4-14 金鱼池社区平面图及模型平面图

4.3.4.2 实测与模拟结果分析

三点的实测值与模拟值变化曲线基本一致，A点在12:00到达最高值，B点在15:00到达峰值，C点在14:00达到峰值，三点的模拟与实测值均能在同一时刻达到峰值。从三点的实测与模拟结果对比来看，A点是三点到达最大值最快的，这是由于A处于建筑围合型绿地中，通风相对闭塞，不利于降温；B、C两点基本相似，通风效果好且平稳，而B点是最晚到达峰值的，说明平行型绿地能够有效减缓升温速度（图4-15）。

三点的相对湿度实测值和模拟值较一致，各个点的差值在误差允许范围内。对比三点发现，三点的相对湿度都是先降低，午后开始上升。A点在13:00开始上升，但随即有所波动；B点于13:00稳定上升，且平稳；C点在14:00开始平稳上升。A点处于建筑围合型绿地中，受到建筑围合的影响，内部环境闭塞，不利于空气中水汽流失，并且受到阵风的影响，湿度有所波动。B点的相对湿度最低，因为风不断促进水汽交换并带走热量，使得平行型绿地的整体降温增湿效果明显。从模拟与实测的结果来看，B点的增湿效应比C点早一个小时，这是因为B点处于平行型绿地中，受到风速的影响，绿地不断与外界环境进行水汽交换，使得增湿效果提前（图4-16）。

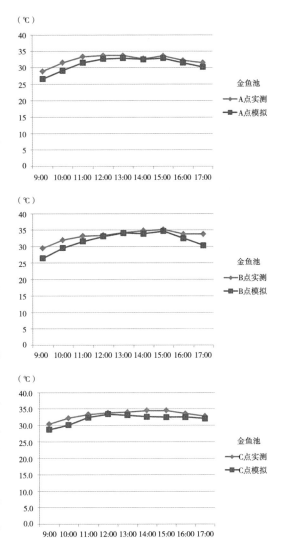

图4-15　金鱼池A、B、C实测温度与模拟数据比较

对三点的模拟风速值与实测值比较来看，风速的变化波动存在差异，波动幅度最小的是B点，平行型绿地通风效果好。A点的差异最大，因为A点绿地被建筑所围合，处于相对封闭的环境下，因而容易形成瞬时旋风，且空气流通效果较差，所以数据波动上会出现峰值差异大的情况（图4-17）。

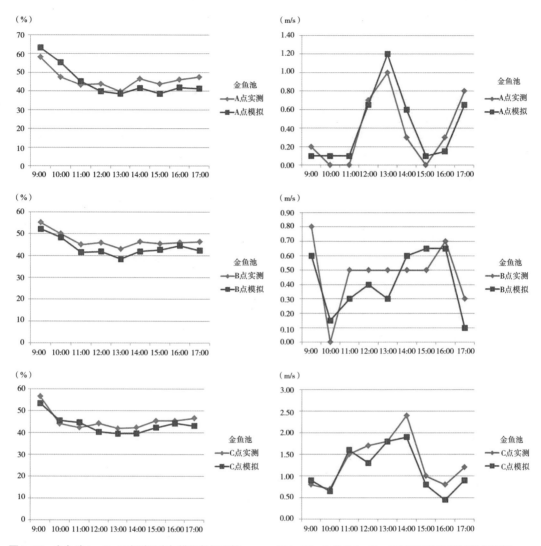

图4-16　金鱼池A、B、C实测湿度与模拟数据比较　　图4-17　金鱼池A、B、C实测风速与模拟数据比较

4.3.5　世纪城社区绿地微气候实测与模拟结果分析

4.3.5.1　模型的建立

世纪城社区主要为新的高层塔楼居住小区，建筑之间散布设置了绿地花园，楼房高度为35~40m。研究区域面积为400m×300m，根据研究区域的情况设置网格分辨率为dx=5m、dy=5m、dz=5m。模拟气象数据采用当天的实测值，模拟开始时间为2016年7月26日9∶00，共模拟10个小时，初始温度为31.5℃，风向采用当日主导风116°，起始风速为0.5m/s，相对湿度设置为53%，粗糙度长度采用系统默认值0.1（图4-18）。

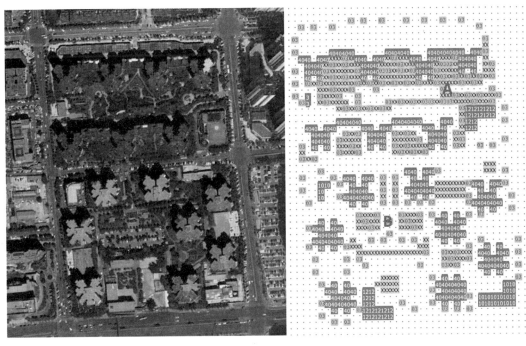

图4-18　世纪城社区平面图及模型平面图

4.3.5.2　实测与模拟结果分析

　　世纪城两测点的全天温度实测值与模拟值变化趋势基本吻合，A点实测值在15：00到达最高值，在12：00~15：00均表现出下降后上升的过程；B点实测与模拟值都在17：00到达最高值，且温度高于起始温度，在14：00有明显上升过程，由此看出实测结果与模拟结果的误差均在允许范围内。从两点的模拟与实测结果对比可知，A点出现峰值的时间比B点提前了2小时，但B点的上升趋势比A点要剧烈。因为A点处于平行型绿地中，受到夹道风的影响，此处的气流交换强烈，对温度的上升具有减缓作用，所以在A点的差值比B点小（图4-19）。

　　全天相对湿度实测值和模拟值变化比较一致，各测量点的模拟结果和实测数值差距较小。比较两测量点，均在午后有增湿过程，而A点比B点提前1小时。且A点的数据波动比B点明显，这

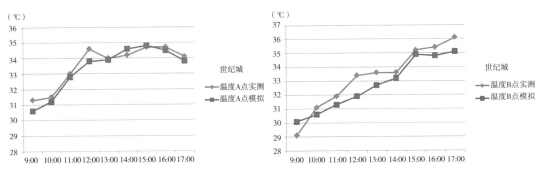

图4-19　世纪城A、B实测温度与模拟数据比较

说明平行型绿地所形成的风廊对于相对湿度有一定影响。B点处于散布型绿地中，整个区域内的绿地比较分散，使整个绿地的局部增湿效果更小（图4-20）。

风环境相对于复杂的城市环境来说存在差异性，本书模拟的风向以东南风为主频风，从模拟的结果来看，不同实测点与模拟风速的波动很明显，午后风速的变化趋势更大。测点A来看，处于平行型绿地中，受到峡谷效应的影响，数据波动大，风速明显比B点高（图4-21）。

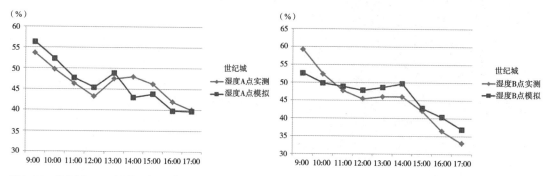

图4-20 世纪城A、B实测相对湿度与模拟数据比较

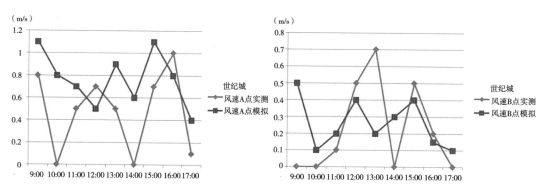

图4-21 世纪城A、B实测风速与模拟数据比较

4.4 模型精度与校验

对于模拟结果，本书除了比对ENVI-MET模拟结果与实测值的曲线，结果表明ENVI-MET模拟的结果对预测街区微气候具有一定可靠性，还需要进行误差分析，因此根据误差平方根值（Root-Mean-Square Error，RMSE）和平均绝对百分比误差（Mean Absolute Percentage Error，MAPE）来评判模型模拟结果是否有效[10]。

$$\mathrm{RMSE} = \sqrt{1/n\sum_{i=1}^{n}(y_i' - y_i)^2} \qquad 公式（1）$$

$$\mathrm{MAPE} = \frac{1}{n\sum_{i=1}^{n}\dfrac{|y_i' - y_i|}{y_i'}} \times 100\% \qquad 公式（2）$$

公式（1）、（2）中 y_i' 为模拟值、y_i 为实测值、n为实测次数；RMSE为常用评价模拟精度公式，MAPE采用百分比衡量模型无误差，不受原始数据取值范围影响，适用于不同数据集采集对比[10]。

对五个街区共计12个实测点数据与模拟的误差分析，空气温度、相对湿度与实测值之间的平均误差平方根值分别是1.07和2.74，风速平均误差平方根为0.42，平均绝对百分比误差介于2%~18%。有研究表明对于模型模拟结果数据的误差范围在空气温度RMSE值居于1.31℃~1.63℃[10][82]之间的，相对湿度的MAPE值不超过5%[10][83]的，即认定实测值与模拟值之间的误差符合有效范围内。

4.5　本章小结

本章首先对北京五个街区绿地进行了建模，并运用ENVI-MET城市小气候数值模拟软件对其进行模拟，根据实测数据对该模型进行条件设定，最后验证比较模拟结果与实测值之间的误差，为下一章研究夏季绿地格局对街区小气候环境的调节作用奠定了基础，为进一步研究绿地格局优化提供了方法。

（1）基于实测数据模拟街区微气候环境特征表明，在同一时间处于不同绿地格局的各个测量点的温度变化有所差别，夏季建筑围合型绿地受到建筑的影响最大；平行绿地、绿化围合型绿地对温度的上升有减缓的作用；散布型绿地受到建筑阴影干扰最少，但温度上升的过程最快；穿插型绿地格局的降温程度优于平行型和绿化围合型绿地。

（2）研究区域内的相对湿度分布与温度呈现负相关，太阳辐射、绿化量、通风对相对湿度影响较多，绿地相对集中的地方湿度高，铺装地面湿度低；夏季时绿化围合型绿地的相对湿度明显高于其他类型；建筑围合型受到建筑阴影、通风效果差的影响，不利于降温增湿；平行型绿地通风效果好，对于场地内的湿度稳定有影响；散布型、穿插型绿地由于绿地分散，不利于增湿。

（3）风速受到季节影响最小，风速在不同的测试点有明显的差异，建筑所形成的峡谷效应地带使得平行型绿地的通风明显优于其他类型，且变化幅度小；建筑围合型绿地比较闭塞，容易受到旋风影响，风速的波动较大；穿插型绿地与平行型绿地相同，建筑的布局对于风向有一定的导向作用，通风良好的同时，会受到导向风的影响产生波动；散布型绿地中有绿化的地带风速要小于空旷的地带。风速和建筑排布关联性强，处于两建筑之间的地区形成了速度相对平稳的峡谷风，两建筑顶端有明显的风速增速提高，形成"风口"，而建筑松散或绿化程度一般的空间中风速明显变小。

（4）城市小气候受到多种因素的影响，因此本书选取ENVI-MET软件进行数值模拟研究，并控制变量（建筑材料、下垫面、树种），能更好地反映出绿地格局对微气候特征的影响变化。但对具体的影响因素，例如建筑尺度、植物品种等未进行深入的分析。下文将在此研究的基础上，针对夏季小气候特征最为明显的建筑围合型、绿化围合型、平行型绿地进行进一步的结构布局研究，对基于小气候改善的北京街区绿地格局优化研究提供思路。

第五章

动态模拟

——北京城市街区五种绿地格
局夏季微气候环境特征

基于ENVI-MET城市微气候模拟软件来研究五种绿地格局夏季微气候环境的特征，分别对五种类型的绿地进行案例模拟，归纳其特征。鉴于在建立模型中，简化了建筑体块、植物材料等因素，并未考虑特殊环境情况，因此对于本书的研究范围暂不考虑某些特定环境的设定，所有案例模拟均设置同一初始条件，模拟时长10h，初始温度为300K。

初始条件根据研究区域的情况，设置网格分辨率为dx=5m、dy=5m、dz=5m。模拟气象数据采用当天的实测值，模拟开始时间为2016年8月19日9：00，共模拟10个小时，初始温度为300K（26.85℃），风向采用夏季主导风东南风为主，为75°，起始风速均为1.2m/s，相对湿度设置为50%，粗糙度长度采用系统默认值0.1。模型区域内植被、建筑材料均设置为同一种，下垫面主要为土壤和沥青，以便弱化模拟的误差。

5.1 平行型绿地格局的微气候模拟分析

5.1.1 温度

北科大家属区、西山枫林社区绿地为典型的平行型绿地，上午10：00，太阳位于建筑的东面，西侧建筑阴影处为温度低点，东侧的温度微高于西侧；下午14：00，太阳开始向西偏移，各测量点的温度也都随之上升，绿地的温度开始上升，图中蓝绿色部分增加，温度较高的地方主要集中在绿地东侧，温度上升了约3℃，最高可达29.03℃~30.25℃，温度高的地方主要集中在区域中部。两处绿地的变化特征相似（图5-1、图5-2）。

5.1.2 相对湿度

相对湿度与温度呈现负相关，建筑南侧相对湿度除了受到太阳辐射的影响，还与绿地平行于建

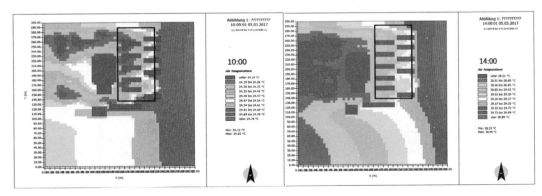

图5-1 北科大家属区上午10：00与下午14：00温度模拟结果

筑之间相关；从图面来看，相对湿度到了下午，数值高的区域明显多于上午，红紫色区域扩大，集中在宅间绿地之间、建筑中心地区，而绿地较集中的地方达到最高值75%，尤其是建筑之间变化最为明显，说明相对湿度的数值受到植物的水汽交换影响、太阳辐射、建筑排布的影响（图5-3、图5-4）。

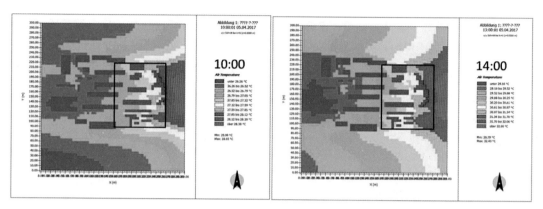

图5-2 西山枫林社区上午10: 00与下午14: 00温度模拟结果

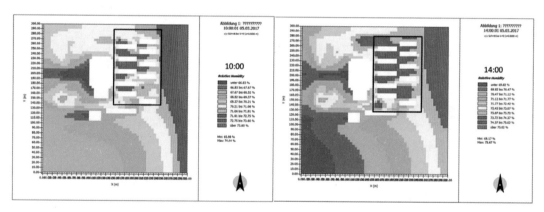

图5-3 北科大家属区上午10: 00与下午14: 00相对湿度模拟结果

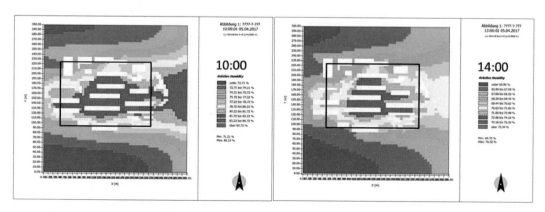

图5-4 西山枫林社区上午10: 00与下午14: 00相对湿度模拟结果

5.1.3　风速

与温度、相对湿度不同，进入宅间绿地风速的变化不是很明显，但是在建筑物入口、密集处，有明显的风速增速提高，风口的风速明显比宅间高0.4m/s~0.6m/s。这说明风速和建筑排布关联性强，建筑东南侧顶端会形成常说的"风口"，这正是风进入建筑峡谷之前所形成的典型特征，进入建筑之后形成了速度相对平稳的峡谷风。下午风速的变化特征与上午比较变化不大，但风环境的特征明显（图5-5、图5-6）。

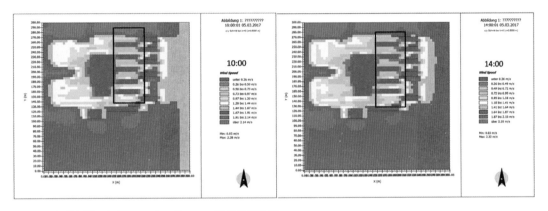

图5-5　北科家属区上午10：00与下午14：00风速模拟结果

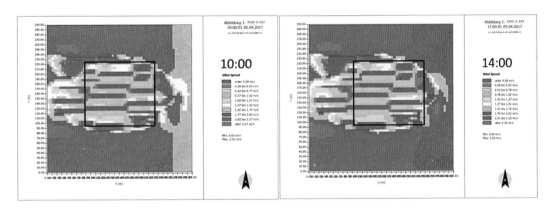

图5-6　西山枫林社区上午10：00与下午14：00风速模拟结果

5.2　建筑围合型绿地格局的微气候模拟分析

5.2.1　温度

南门仓胡同社区和北科大学生楼都是典型的建筑围合型绿地，上午10：00，可以看到建筑所围合的绿地中间温度略高于周边，上午建筑内绿地温度在24.2℃~24.5℃、23.4℃~24.5℃，相对湿度与温度呈现负相关；下午14：00，太阳开始向西偏移，各测量点的温度也都随之稳定，建筑围合的绿地，发挥出了集中绿地的优势，温度逐渐上升，但处于舒适的感觉，主要集中在28.15℃~28.76℃、28.2℃~28.8℃，均上升约为4℃，温度较高的地方主要集中在绿地东侧；相对湿度到了下午，数值高的区域明显多于上午，而绿地西侧较高，说明相对湿度的数值受到温度的影响。相较于平行型绿地，建筑围合型绿地对于温度的减缓作用弱一些，同一条件下受到建筑围合的影响，内部环境闭塞，不利于空气中水汽流失，并且受到阵风的影响，湿度有所波动，容易感觉闷热（图5-7、图5-8）。

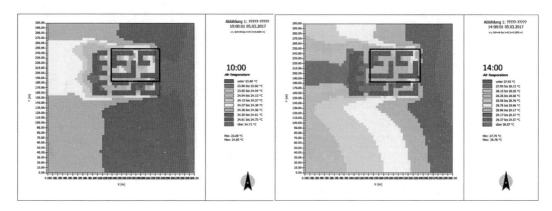

图5-7　南门仓胡同社区上午10：00与下午14：00温度模拟结果

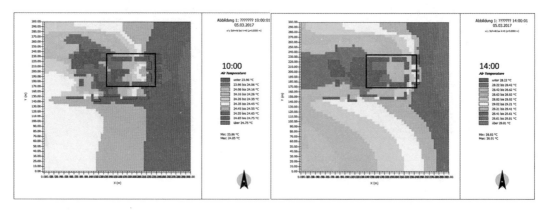

图5-8　北科学生楼绿地上午10：00与下午14：00温度模拟结果

5.2.2　风速

　　建筑围合起来的绿地，整个场地风速都很低，可以看出建筑围合型绿地通风效果一般，而与其他类型一致的是在建筑空间的开口处仍有明显的提高，在围合空间的开口处风速有明显的上升，并且在建筑围合型绿地中会形成特有的旋风，会有阵风或静风的状态，因此其数据波动最为明显，这样的特征延续到下午，风口风速可达1.6m/s~1.9m/s，而内部处于0.25m/s~0.74m/s。风速的变化的特征与上午比较变化不大（图5-9、图5-10）。

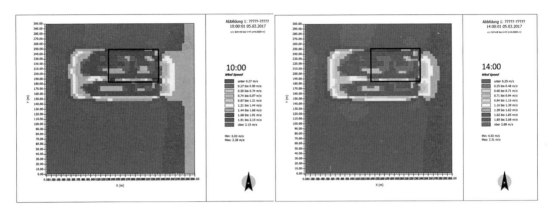

图5-9　南门仓胡同社区上午10: 00与下午14: 00风速模拟结果

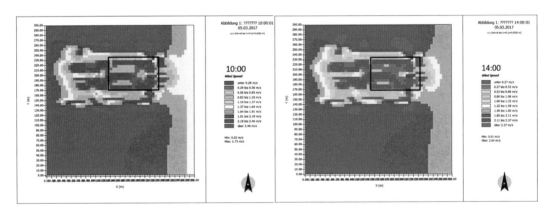

图5-10　北科学生楼绿地上午10: 00与下午14: 00风速模拟结果

5.3　绿化围合型绿地格局的微气候模拟分析

5.3.1　温度

时代花园北路街区是典型的绿化围合型绿地格局，山姆会员店为场地中唯一的建筑，万达广场也是具有明显绿地围合的场地，周边由单一绿化和树阵绿化停车场围合。上午10: 00，整个绿地的区域地方温度变化不大，处于舒适的范围，而相当空旷的停车场、建筑入口地区因没有绿化的遮蔽而温度较高；两个场地温度区间分别为24.1℃~24.7℃、24.4℃~24.8℃。相对湿度高的地方都集中在绿地的位置，建筑入口相对湿度最低，这说明绿化对于相对湿度有明显的影响作用；下午14：00，太阳开始向西偏移，场地的温度趋于平稳舒适，空旷的场地也在建筑阴影的作用下与周边温度一致，山姆会员店上升至28.23℃~28.6℃、万达则上升至29.3℃~29.6℃（图5-11、图5-12）。

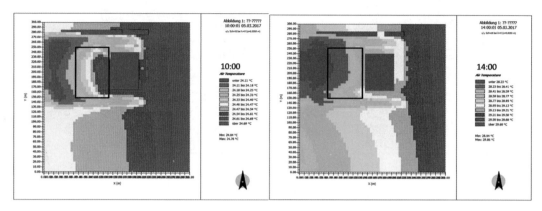

图5-11　时代花园北路街区上午10：00与下午14：00温度模拟结果

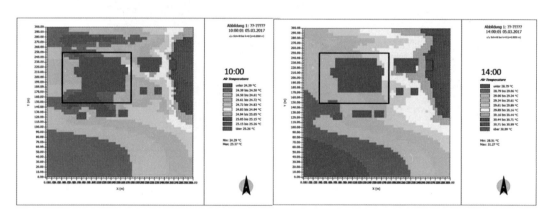

图5-12　万达广场上午10：00与下午14：00温度模拟结果

5.3.2　风速

山姆会员店场地的风速集中在停车场，也是因为停车场是树阵形式的，比较空旷，整个绿地的风速很平均，风速为1.23m/s~1.47m/s，在建筑的南侧与绿地夹角处有风速的提高，可达1.7m/s~1.94m/s。万达广场场地风速较大的地方则集中在绿地和建筑南北两侧，约1.28m/s~1.79m/s。下午14：00，万达广场风速变化则不大，而山姆会员店在树阵之间风速较铺装区域有所提高，但较上午风速的区间降至0.97m/s~1.44m/s，这说明是绿化围合型绿地的植物对于风有一定阻挡作用（图5-13、图5-14）。

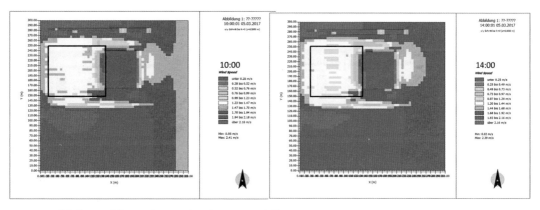

图5-13　时代花园北路街区上午10：00与下午14：00风速模拟结果

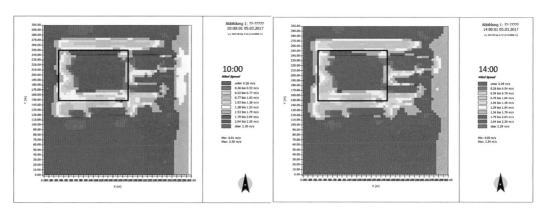

图5-14　万达广场上午10：00与下午14：00风速模拟结果

5.4　穿插型绿地格局的微气候模拟分析

5.4.1　温度

璟公馆和万柳社区都是典型的穿插型绿地格局，由于其社区建筑物都为塔楼，配套绿地呈现出穿插形式出现，与混合散布型不同，穿插型绿地比较有规律。璟公馆小区，上午10：00，太阳位于建筑的东面，西侧建筑阴影处为温度低点，东侧的温度低于西侧，温度的区间在24.2℃~24.4℃；下午14：00，太阳开始向西偏移，各测量点的温度上升至28.2℃~28.5℃。万柳社区上午10：00，温度的区间22.9℃~23.1℃，而到了下午则上升至29.7℃~30.6℃，万柳社区上升的幅度明显高于璟公馆，这可能和建筑的形式有关，而温度受到太阳辐射影响也很大，同样受到太阳辐射的影响。建筑的布局对风向有一定的导向作用，万柳社区的板楼比璟公馆塔楼更易阻碍风速进入绿地，因此风速对温度也有影响（图5-15、图5-16）。

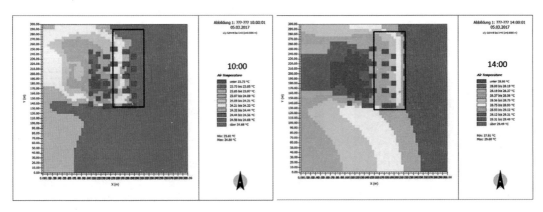

图5-15　璟公馆社区上午10: 00与下午14: 00温度模拟结果

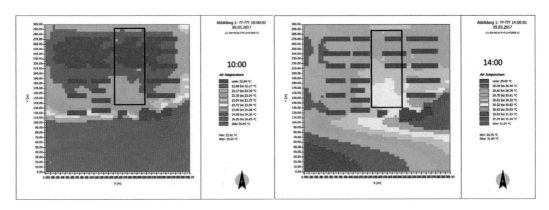

图5-16　万柳社区上午10: 00与下午14: 00温度模拟结果

5.4.2　相对湿度

相对湿度与温度呈现负相关，上午10: 00，两个场地的西南侧相对湿度明显高于东南侧，下午14: 00，太阳开始向西偏移，各测量点的温度也都随之趋于平稳；相对湿度到了下午，数值高的区域明显多于上午，而绿地的东侧湿度依旧低于西侧，说明相对湿度的数值与风带来的水汽交换有关；风速的变化特征与上午比较变化不大。这与夏季的风向也有关系，风可加速水汽交换频率，从而影响到相对湿度；风速和建筑排布关联性强，建筑东南侧顶端有明显的风速增速现象，会形成人们常说的"风口"，这正是风进入建筑峡谷之前所形成的典型特征，进入建筑之后形成了速度相对平稳的峡谷风。（图5-17、图5-18）

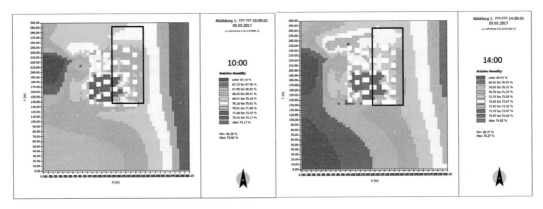

图5-17　璟公馆社区上午10: 00与下午14: 00相对湿度模拟结果

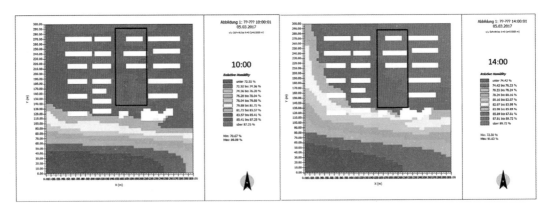

图5-18　万柳社区上午10: 00与下午14: 00相对湿度模拟结果

5.5　混合散布型绿地格局的微气候模拟分析

5.5.1　温度

前泥洼社区是典型的混合散布型，由于其社区老旧，配套绿地布局不规则。丰台总部基地属于科技新区，办公环境绿地主要集中在各建筑前，也呈现散布型。上午10: 00，太阳位于建筑的东面，前泥洼社区西侧建筑阴影处为温度低点，东侧的温度低于西侧，温度区间在24.4℃~24.6℃；丰台总部基地的绿地更加分散，且建筑形式、排列均松散一些，所以它所呈现的温度布局为西高东低，且从中间扩散，温度区间为24.4℃~24.8℃，两场地相差不大。下午14: 00，太阳开始向西偏移，各测量点的温度也都随之趋于平稳，前泥洼温度上升到28.4℃~28.9℃，总部基地则上升至29.1℃~29.7℃；混合散布型绿地受到建筑干扰相对较少，这是由于绿地分布没有特别的规律，但由于大面积暴露在外，温度上升过程最快，同样是下午14: 00，混合散布型是五种绿地中最快的。同样受到风的影响，风速和建筑排布关联性强，从而影响到温度（图5-19、图5-20）。

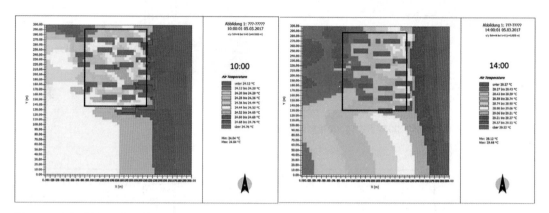

图5-19　前泥洼社区上午10: 00与下午14: 00温度模拟结果

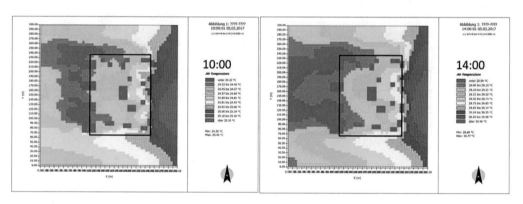

图5-20　丰台总部基地上午10: 00与下午14: 00温度模拟结果

5.5.2　相对湿度

相对湿度与温度呈现负相关，上午10: 00，前泥洼社区和总部基地社区的相对湿度都呈现中部向外散布的形式，两者在上午10: 00的区间就有所相差，分别为66.6%~69.1%、69.5%~71.1%，风可加速水汽交换频率，从而影响到相对湿度；下午14: 00，太阳开始向西偏移，各测量点的温度也都随之升高；相对湿度到了下午，数值高的区域明显多于上午，分别上升至77.3%~79.8%和75.1%~77.8%；绿化集中的地方相对湿度高，而散布型绿地由于绿地比较分散，不利于增湿，但有绿化的地带风速要小于空旷的地带，因而总部基地绿地的湿度比前泥洼上升的少，说明风速确实对绿地环境的相对湿度有所影响（图5-21、图5-22）。

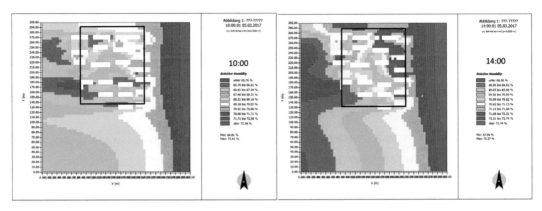

图5-21　前泥洼社区上午10：00与下午14：00相对湿度模拟结果

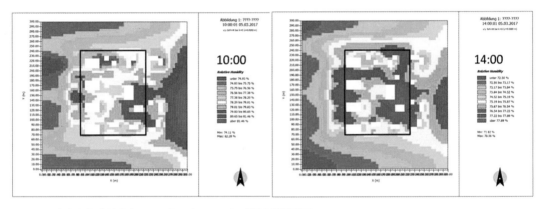

图5-22　丰台总部基地上午10：00与下午14：00相对湿度模拟结果

5.6　五种绿地格局夏季微气候环境特征总结

　　平行型绿地是五种绿地格局中通风效果最好的，受到峡谷效应的影响，平行型绿地在两建筑入口处的风速会较大，中间风速变化平稳，数据波动不明显。受到风速的影响，绿地不断与外界环境进行频繁的水汽交换，使得平行型绿地对温度上升有减缓的作用，并且能够有效增湿。夏季湿度低，人的舒适感越好，反之则感到闷热。

　　建筑围合型绿地是五种绿地格局中通风效果最差的，由于建筑围合绿地，空间相对闭塞；在围合空间的开口处风速有明显的上升，并且在建筑围合型绿地中会形成特有的旋风，会有阵风或静风的状态，因此其数据波动最为明显。受到建筑围合的影响，内部环境闭塞，不利于空气中水汽流失，并且受到阵风的影响，湿度有所波动，容易感觉闷热。

　　绿化围合型绿地与建筑围合型绿地的空间结构一致，但不同的是绿化围合型绿地由植物、绿地围合而成，对于风的阻挡效果大大降低，因此在绿地和外界环境进行水汽交换的同时，植物的增湿效应最好。

穿插型绿地和平行型绿地的特征相似，建筑的布局对风向有一定的导向作用，而位于建筑开口处的风速会比内部要大，通风较好；对于温度的上升同样具有一定的减缓作用，不仅受到风速的影响，同样受到太阳辐射的影响。

混合散布型绿地受到建筑干扰相对较少，这是由于绿地分布没有特别的规律，但由于大面积暴露在外，温度上升过程最快。绿化集中的地方相对湿度高，而散布型绿地由于绿地比较分散，不利于增湿，但有绿化的地带风速要小于空旷的地带。

第六章

格局优化
——微气候改善视角下的北京
城市街区绿地格局建设

6.1　不同类型绿地格局微气候模拟优化结果分析

基于城市化进程不断加速的环境，优化绿地格局的方式能够使绿地在有限的空间内，通过布局方式的变化，相互构成合理布局，规避缺陷，增加优势。通过对北京城市街区绿地格局的研究和综合考虑，对主要的三种绿地格局进行模拟优化研究，主要考虑布局的变化方式对整体绿地舒适感的提升，通过对平行型绿地、建筑围合型绿地、绿化围合型绿地格局模式进行模拟，得到各种布局模式下的分布状态。

6.1.1　平行型绿地格局优化结果分析

根据平行型绿地的特点，建筑呈现行列式排列，采用南北向分布的方式，减少东西向对太阳辐射的削减，本书主要归纳的平行型绿地格局是以下六种布局模式。A整体为一块绿地，两侧平行布置步行道；B平行于建筑分为两块绿地，平行绿地中央布置步行道；C垂直于建筑布置绿地，并由两条步行道分隔绿地；D垂直于建筑设置两块绿地，中心布置水体，水体两侧为步行道；E为建筑之间布置L形绿地，形成之字形步行道；F为平行于建筑布置4块绿地，步行道穿插在其中。分别对其内部绿地布局运用ENVI-MET进行建模模拟，得到各个绿地布局变化下微气候各项指标的变化分布（图6-1）。

从平行型绿地六种模式的温度变化图来看，温差大约有1℃~1.05℃，温度较高的地方与太阳辐射相关，呈现东高西低的特征。在绿地的内部温差变化更小，约为0.5℃，A的内部温度变化梯度最为均匀；B、F由于横向道路对绿地的分隔，形成了明显的升温地带，但温度变化较小；C、D、E均能说明竖向的道路分隔对温度的影响较小，尤其是L型绿地的布局方式能够使场地的整体温度下降明显；水体的设置并没有如预期那样降温明显，这可能与水体自身湿度相关，但水体对绿地整体的温度条件依然起到作用（图6-2）。

从平行型绿地的湿度环境变化来看，湿度值的变化与温度的整体变化趋势接近，数值从绿地的东侧向西侧逐渐升高，这与太阳辐射也有关联。整体的湿度差9%左右，东侧的湿度值介于62%~65%之间，西侧介于69%~71%之间。绿化量最大的A模式，相对湿度比较均匀，但整体偏高；D模式中的水体明显提高了场地相对湿度；而在B、F中可以看到，横向的道路分隔对场地内部的相对湿度产生了影响，有明显的下降，因此与温度一样，竖向的分隔道路分隔绿地对于增温降湿更加明显（图6-3）。

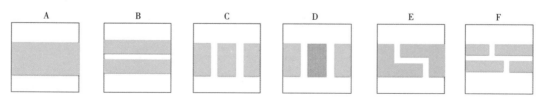

图6-1　平行型绿地布局模式

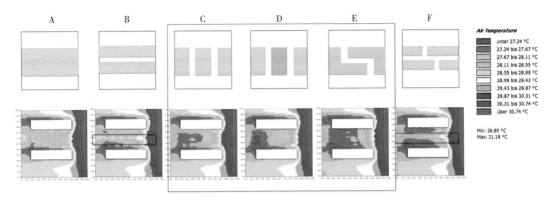

图6-2　平行型绿地布局模式模拟温度布局结果

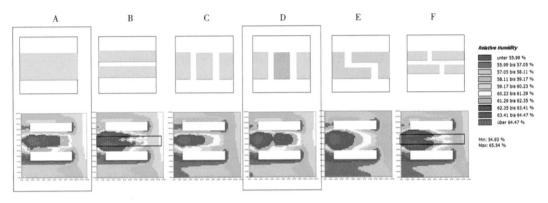

图6-3　平行型绿地布局模式模拟相对湿度布局结果

　　从风环境来看，建筑东侧主要为迎风处，遇到建筑入口会产生角隅风环境，因此在建筑的入口处，六种绿地布局的数值都偏高。进入绿地后，可以看到横向分隔绿地的布局模式，会形成风道，这点尤其表现在B、F两种布局中；水体的设置对于风进入绿地后有明显的增大。从六种绿地布局模式对绿地内部风环境的调节来看，B、D、F模式能使风速得到提高，风速的提升能够有效降温，加快空气流动，提高舒适度（图6-4）。

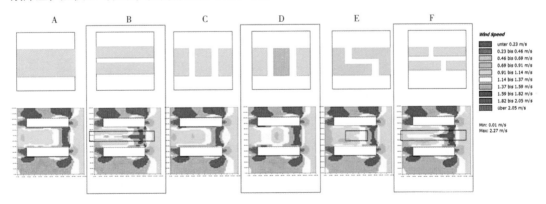

图6-4　平行型绿地布局模式模拟风速布局结果

综上所述，在平行型绿地场地中适当设计水体，结合横向分隔道路，形成风道降温，水体能够增加湿度，场地的舒适度最佳。

6.1.2　建筑围合型绿地格局优化结果分析

根据建筑围合型绿地的特点，建筑采用L型形式，将绿地围合在场地中央，采用南北向分布的方式，减少东西向对太阳辐射的削减，本书主要归纳的建筑围合型绿地格局是以下六种布局模式。A整体为一块绿地，步行道围绕在绿地周边；B平行于建筑分为两块绿地，绿地中央、周边布置步行道；C垂直于建筑布置绿地，并由步行道分隔绿地；D垂直于建筑设置两块绿地，中心布置水体，水体两侧为步行道；E平行于建筑设置两块绿地，中心布置水体，水体两侧为步行道；F为建筑之间布置两块L型绿地，中心形成铺装场地。分别对其内部绿地布局运用ENVI-MET进行建模模拟，得到各个绿地布局变化下小气候各项指标的变化分布（图6-5）。

从建筑围合型绿地六种模式的温度变化图可以看到，整体温度的变化幅度较小，在两个L型建筑围合的绿地中，东北方向的温度低于西南方向的温度；西侧的温度低于东侧，左右两侧的开口，这样可以促使建筑内部绿地与外部的空气流通。所以C模式在六种模式下的降温效果都不错，其中D、E在绿地中设置水体，明显增大了降温的程度；C竖向划分绿地对场地的整体降温有所影响，且北侧明显低于南侧；F这种L型绿地不仅调节了场地整体的温度，中央的铺装场地温度也在舒适的范围内（图6-6）。

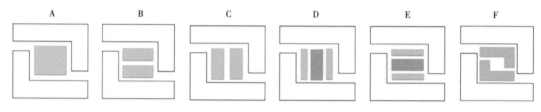

图6-5　建筑围合型绿地布局模式

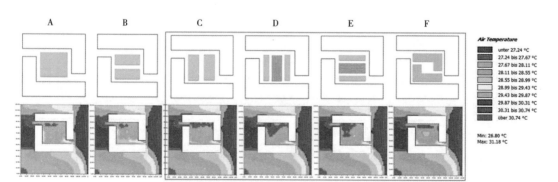

图6-6　建筑围合型绿地布局模式模拟温度布局结果

　　从六种布局模式的湿度分布结果可以看到，东北方向的湿度值低于西北方向，并且内部与外部的最高湿度相差约12%左右，湿度变化的情况比较简单。E、F的湿度变化是六种中相对复杂的，E横向布置的绿地和水体，对湿度的调节作用最明显，尤其水体部分，迎合建筑的开口引导相对湿度变化的差值变小；F这种L型绿地则在场地中央形成了内部的湿度变化，同样绿地的开口迎合了建筑开口能够引导内部水汽交换的频率（图6-7）。

　　从风环境来看，建筑东西处缺口主要为迎风处，外部气流通过两侧缺口处进入绿地内部，因此在建筑的入口处，六种绿地布局的数值都偏高。进入内部后，绿地内部形成较小的气流漩涡，因此绿地内部的风速较小。建筑围合型绿地不论东西还是南北向布置绿地对于风速的影响都不大；像D、E模式在绿地中心设置水体，水体削减了绿地量，对于风速有了明显的提高；F这种L型绿地则能引导风进入场地内部，形成内部回流，引导加快空气流动，从而提高场地的风感受（图6-8）。

　　综上所述，在建筑围合型绿地场地设计中，在保证绿化量的同时，横向的分隔道路结合水体的设置能够有效降温增湿，而L型绿地结构迎合了建筑开口，能够引导风进入场地内部，加快了内部回流及空气水汽交换运动，从而提高场地的舒适度最佳。

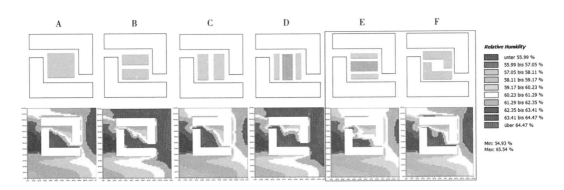

图6-7　建筑围合型绿地布局模式模拟相对湿度布局结果

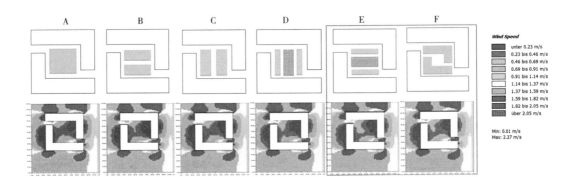

图6-8　建筑围合型绿地布局模式模拟风速布局结果

6.1.3 绿化围合型绿地格局优化结果分析

根据绿化围合型绿地建筑布置在场地中央的特点，由绿地围合建筑，本书主要归纳的绿化围合型绿地格局是以下六种布局模式。A围绕建筑设置四块绿地，建筑角隅布置出入口；B围绕建筑设置L形绿地，建筑东西角隅布置出入口；C围绕建筑设置一处朝北的U字形绿地，并在北侧设置一处水体，留出两处出入口；D围绕建筑布置四块绿地，东西向绿地面积是南北向绿地的二分之一；E围绕建筑布置四块绿地，南北向绿地面积是东西向绿地的二分之一；F为围绕建筑布置双层绿地。分别对其内部绿地布局运用ENVI-MET进行建模模拟，得到各个绿地布局变化下微气候各项指标的变化分布（图6-9）。

从六种绿化围合型绿地布局模式的温度环境变化图来看，建筑对于整体环境的影响最小，不会阻挡绿地空间的空气流通，所以整体的温度变化不大。绿化量对于温度的影响最大，水体的设置反而对温度没有太大的削弱，反而有所上升，这和水体自身释放的温度有所关联（图6-10）。

从六种绿化围合型绿地布局模式的湿度环境变化情况来看，湿度值的变化与温度值整体变化一致，不论是哪种绿地布局，建筑西侧的数值最低，东侧偏高，这与太阳的照射相关；从D、E、F模式对比其他模式可看出绿化量明显影响相对湿度，绿化量越多，相对湿度越大；C模式中的水体设置，对于相对湿度的影响最大，场地的南侧明显高于北侧，这说明水体对相对湿度的调节作用不容忽视，合适的相对湿度能够使人体感到舒适，相反则觉得闷热（图6-11）。

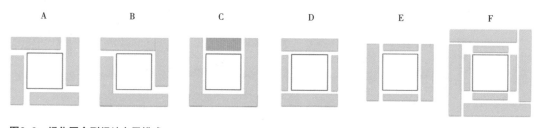

图6-9 绿化围合型绿地布局模式

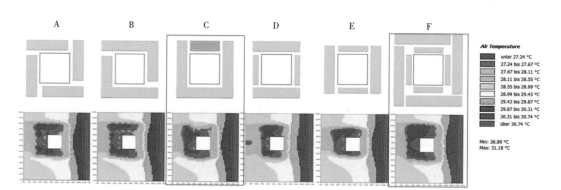

图6-10 绿化围合型绿地布局模式模拟温度布局结果

　　从风环境来看，风速的整体变化受到建筑的阻挡，在建筑东侧角成明显的旋风，风速数值增大。外部气流通过绿地的缺口处进入绿地内部，六种绿地布局的数值都有所下降，说明绿化对于风速能有效削减。整个绿地的风速变化特征明显，主要围绕在建筑的西侧，A、B单纯地在建筑周边布置等宽的绿地，开口的多少对风速没有明显影响；C在北侧设置水体，风速有明显的增大，进而影响到绿地内部对风环境的感受；D、E模式说明东西方向对绿化量的调整能更有效削减风速；F则说明绿化越多，对风速的削减越明显，风进入绿地后风速缓慢衰减（图6-12）。

　　综上所述，在绿化围合型绿地场地设计中，首先要尽可能增加绿化量，因为绿化能够有效降温增湿；其次场地中设置水体对场地内部的水汽交换起到调节作用，使得场地的整体舒适感有所改善。

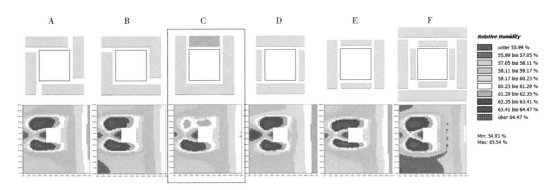

图6-11　绿化围合型绿地布局模式模拟相对湿度布局结果

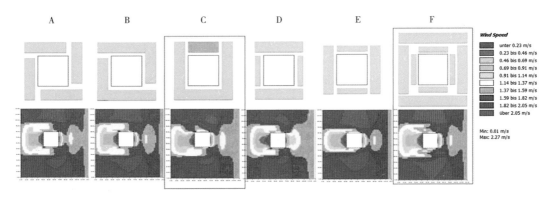

图6-12　绿化围合型绿地布局模式模拟风速布局结果

6.2　不同绿地格局微气候舒适度优化研究

6.2.1　影响人体热舒适因素及舒适范围

　　人体的热舒适感主要受到心理、生理反应的影响。除此之外，无论是人的性别、年龄，还是对环境的快速适应性等其他原因同样也会产生影响，但这些因素没有心理和生理对热舒适感影响大[79]。决定热舒适环境的主要有六个因素，其中空气温度、相对湿度、风速和太阳辐射是对环境影响最大的因素[80]。

在影响人体热舒适的四个客观因素中，空气温度是起最主要作用的。有研究表明，人体所感到舒适的空气温度范围是在22℃~28℃之间，而人体感受最舒适的温度范围是22℃~26℃[79]。空气湿度的舒适范围一般认为是50%~60%，相对湿度的变化不仅会对温度产生变化，还会对人体皮肤出汗、呼吸通畅与否、身体状况产生影响。在炎热的环境里，凉爽的风能够提神醒脑，提高神经的亢奋性，通常认为小于0.3m/s的风速会给人带去舒适凉爽的感觉，而风环境对温度、湿度同样也会产生影响，并加快气体交换流动[79]。

在对三种绿地格局进行模拟后，平行型绿地和建筑围合型绿地作为最常使用的两种绿地类型，且微气候变化特征相对明显，因此根据人体最为舒适的温度、相对湿度、风速各个因素范围，对每种模式进行上午10：00、中午12：00、下午14：00测量，并对其进行叠加，得到每种类型相对舒适的区域，为不同绿地格局的内部格局优化设计提供依据。

6.2.2　平行型绿地格局微气候舒适度优化分析

模式A整体为一块绿地，两侧平行布置步行道，温度舒适范围在叠加后主要分布于西侧，相对湿度舒适范围位于建筑角隅及东侧边缘，风速集中在建筑角隅，这是由于风遇到建筑会产生角隅风；模式B平行于建筑分为两块绿地，平行绿地中央布置步行道，温度相较于A，舒适的范围向中间扩散，也就是说道路的分割能够有效扩散温度，相对湿度由于绿地的分隔被分散在绿地东侧两侧，对于A模式相对湿度的舒适范围也明显减少，风速特征同上（图6-13）。

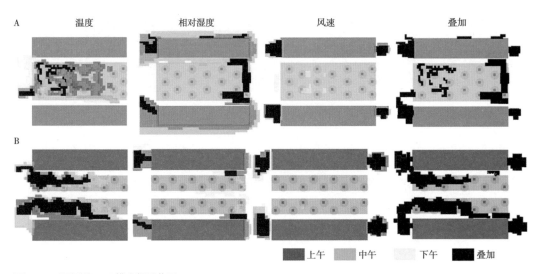

图6-13　平行型A、B模式舒适范围

模式C垂直于建筑布置绿地，并由两条步行道分隔绿地，进行叠加后温度的舒适范围集中在西侧绿地和西侧道路两侧；D垂直于建筑设置两块绿地，中心布置水体，水体两侧为步行道，温度的舒适范围集中在水体两侧，这说明水体能够有效集中舒适的范围；但相对湿度和风速在这两种模式中变化不明显，仅表现出向绿地中央增加（图6-14）。

E为建筑之间布置L形绿地，形成之字形步行道，温度的舒适范围集中在西侧绿地，并且呈现与道路形状相似的温度带；相对湿度与风速的舒适范围集中在建筑角隅，并且风速能够适当蔓延到绿地中。F为平行于建筑布置4块绿地，步行道穿插在其中，温度明显向道路两侧分散，有形成舒适的行道路趋势；相对湿度、风速与E模式基本对应（图6-15）。

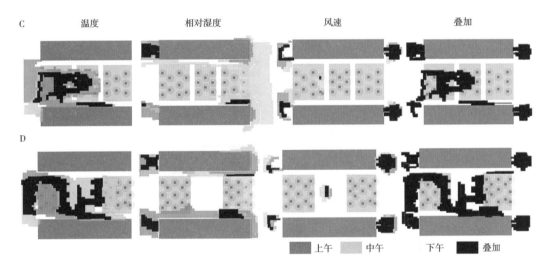

图6-14　平行型C、D模式舒适范围

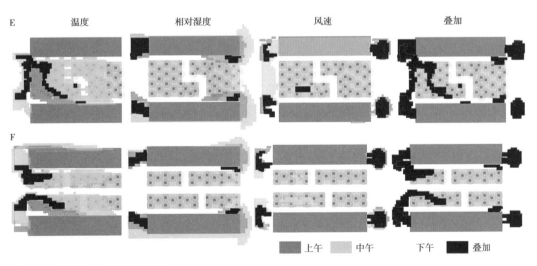

图6-15　平行型E、F模式舒适范围

6.2.3 建筑围合型绿地格局微气候舒适度优化分析

A整体为一块绿地，步行道围绕在绿地周边，B平行于建筑分为两块绿地，绿地中央、周边布置步行道，两种模式中人体感到舒适的温度范围集中在绿地的北侧，B在增加了横向道路后，温度向绿地中间扩散；相对湿度呈现负相关；风速被横向道路阻断，可以看到A模式在进行叠加后，风能够沿着建筑口形成贯穿的风，而B则发生了风的断层（图6-16）。

C垂直于建筑布置绿地，并由步行道分隔绿地；D垂直于建筑设置两块绿地，中心布置水体，水体两侧为步行道。水体增加后，变化最明显的是风速，明显叠加后的豁口增大，温度的舒适范围也明显靠近水体。在相对湿度方面，水体并没有产生明显的变化，反倒是道路对其影响更多（图6-17）。

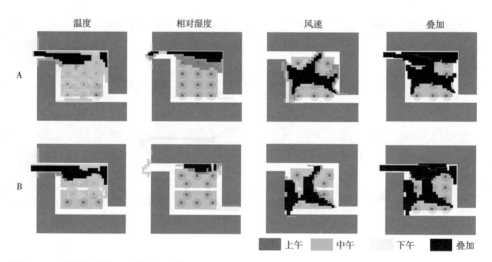

图6-16 建筑围合型A、B模式舒适范围

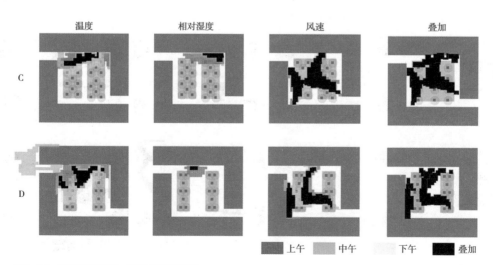

图6-17 建筑围合型C、D模式舒适范围

E平行于建筑设置两块绿地，中心布置水体，水体两侧为步行道，这种类型的绿地与模式B的情况相似，道路的增宽使得温度向中间扩散，结合风的贯穿，舒适的范围是六个模式中最大的；F为建筑之间布置两块L型绿地，中心形成铺装场地，是六个模式中劣势最明显的，绿地的温湿度不论上午、中午还是晚上，都比较偏高，风的舒适范围与其他无太大差别，但总体来说温湿效应最差（图6-18）。

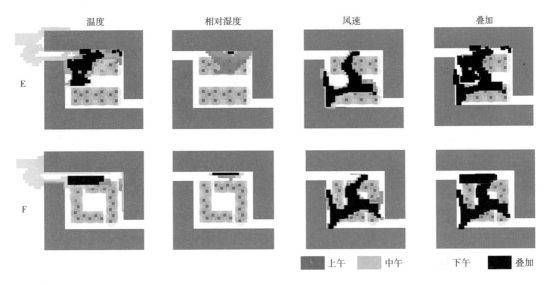

图6-18 建筑围合型E、F模式舒适范围

6.2.4 绿化围合型绿地格局微气候舒适度优化分析

A、B均由绿地围合而成，场地中央为主建筑，A绿地步行道开口比B多两个，通过对两种模式的模拟分析可以看到，人体感到舒适的温度范围集中在绿地的西侧，相对湿度并没有因为开口的减少而有所改变；B在减少了两个开口后，风速舒适的范围减少了，可能由于植物的阻挡，阻碍了风贯穿场地。温度、湿度、风速的舒适范围叠加之后，两种模式相差并不多（图6-19）。

C为三面围合绿地、北侧设置一处水池，D模式仍为四面均有绿地围合，但东西侧绿地比南北侧面积少，主建筑都坐落在中央。通过对C、D两种模式的观察，不同于平行型绿地，水景对于场地基本没有影响，整体为一块绿地，步行道围绕在绿地周边，而绿地的面积则很大程度上影响温度、风速的舒适范围。绿地的舒适范围主要还是集中在建筑西侧。当绿地减少时，风贯穿场地的程度增加（图6-20）。

E模式与D相似，同为四面环绕绿地，但是南北两侧绿地减少；F模式则加大了绿化面积。

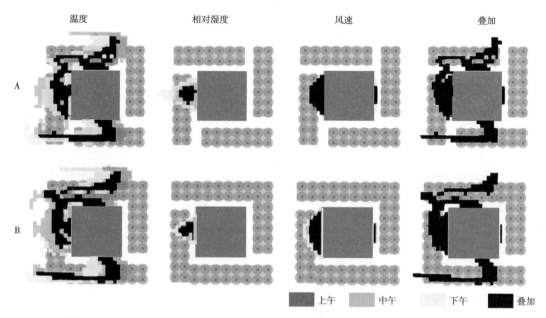

图6-19　绿化围合型A、B模式舒适范围

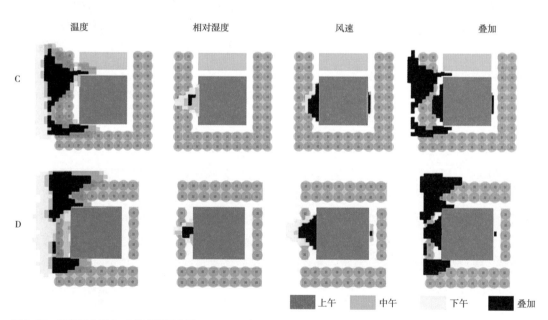

图6-20　绿化围合型C、D模式舒适范围

从E的模拟结果来看，绿地减少确实能引导风穿过场地，增加场地的舒适范围。F模式绿化的增加，温度舒适的范围明显增大，这说明绿化率对温度具有调节作用，绿化增加后舒适感提升；绿化围合型绿地格局的变化对于场地舒适感作用的调节没有另外两种明显（图6-21）。

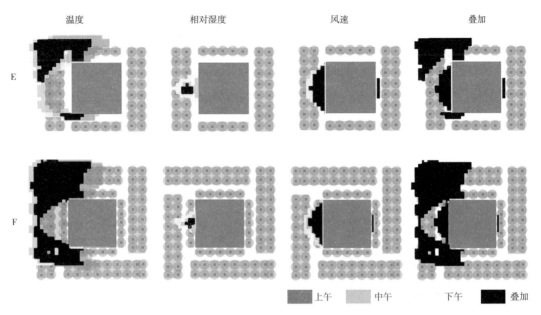

图6-21 绿化围合型E、F模式舒适范围

6.3 基于夏季微气候改善的街区绿地格局优化建议

6.3.1 择优选择绿地格局类型

在进行绿地格局的选择上，尤其夏季风速较低的情况下，应选择通风情况好的绿地类型，且结合活动场地的设计来影响场地内部的温度、湿度。从前面的章节中对各种绿地类型的微气候环境特征分析比较可知，从夏季的温湿度环境要求来看，建筑围合型和混合散布型绿地格局的微气候环境水平较差。原因主要是因为受到建筑围合的影响，空气流通受阻，内外空气的交换减少，造成内部温度较高，湿度低，而且受到建筑的干扰，建筑围合型绿地的通风效果最差。因此在选择绿地格局上应该避免选择这两种模式，保证街区绿地的微气候环境良好（图6-22）。

6.3.2 合理设置水体、活动场地位置

在夏季，人们更倾向于在凉爽的气候环境中休憩，因此利用绿地布局营造舒适的温湿、风环境能够有效降低闷热感，增加体感舒适度。场地首先要保证绿化量，因为绿化对于温湿环境、风环境的调节作用最为明显；其次结合夏季主导风向，根据建筑的布局形式，合理设置步行道、铺

装场地的位置，保证场地的通风，对于场地内部的气流交换有所提高；最后适量设置水体，水体能够弥补风速提高所流失的湿度，但水体自身也有温湿效应，因此水体可以设置在场地的北侧，距离活动场地应有一段距离，这样在调节场地整体微气候环境的同时，能够保证降低水体自身对环境所带来的湿热感（图6-23）。

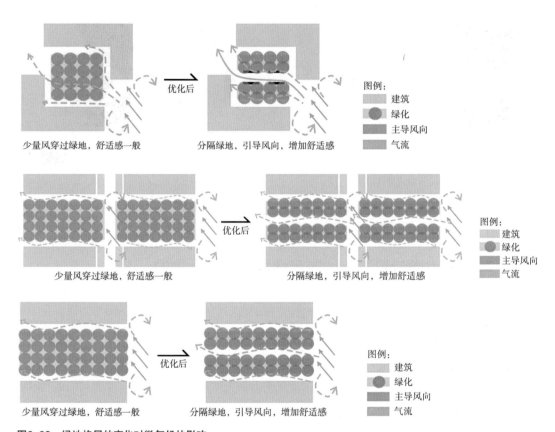

图6-22 绿地格局的变化对微气候的影响

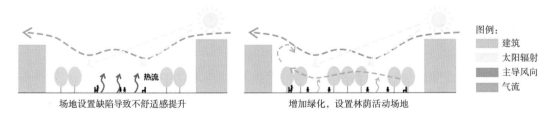

图6-23 合理设置水体及活动场地

6.3.3　营造活动场地的通风环境

通过对街区绿地格局的实测与模拟研究结果可以看出，五种绿地格局各具特点，尤其是平行型绿地格局对于夏季的街区整体微气候特征具有较好的影响，特别是对整体的风环境、温湿度营造有利。平行型绿地由于处于两座建筑之间，具有一定的面积，其绿化条件高，绿地的面积大有利于风在建筑之间的流通，从而加速内部气流交换，对于场地内部的热交换有较好的促进作用。通风环境的营造有助于提高场地夏季微气候环境的舒适感。

建筑围合型绿地中，在原有绿地的基础上应考虑在保持原有绿地率的基础上，结合建筑的开口，人为建立通风廊道，让绿地的开敞场地靠近建筑开口，这样在建筑角隅减弱风速的同时，也可以促使部分风量进入活动场地，减少风速在进入活动场地前的衰减或大风、无风等极端风环境。对于绿地初期的设计，应充分考虑建筑开口的位置，利用建筑布局空间，在夏季通风的情况下，兼顾冬季防风，有利于整个绿地空间环境的有效调节（图6-24）。

通过对平行型、建筑围合型、绿化围合型三种典型绿地格局内部模式变化模拟的对比与分析，结合北京街区主要的绿地格局，从夏季微气候环境提出北京街区绿地格局优化策略。在夏季风速低的情况下，应选择通风情况好的绿地类型，比如平行型绿地。建筑围合型和混合散布型的绿地受到建筑围合，绿地处于相对封闭的状态，阻碍了风进入场地，场地内部通风效果差，造成了活动场地温度过高、相对湿度低的现象。受到建筑的干扰，建筑围合型绿地的通风效果最差。因此在选择绿地格局上应该避免选择这两种模式，以保证街区绿地的微气候环境良好。其次，场地要保证绿化量，因为绿化对于温湿环境、风环境的调节作用最为明显，结合夏季主导风向，根据建筑的布局形式，合理设置步行道与铺装场地的位置，保证场地的通风，增强场地内部的气流交换；最后可在场地北侧设置适量水体，水体能够弥补风速提高所流失的湿度，但水体自身也有

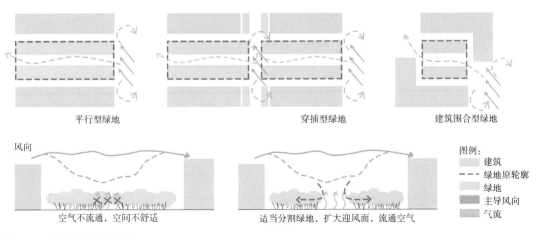

图6-24　保证内部通风环境

温湿效应，这样在调节场地整体微气候环境的同时，能够保证降低水体自身对环境所带来的湿热感。通过对三种街区绿地内部格局优化模拟研究，分析表明平行型绿地格局对于夏季的街区整体微气候特征具有较好的影响，尤其是对整体的风环境、温湿度环境营造有利。平行型绿地由于处于两座建筑之间，具有一定规模的绿化面积，绿地的面域大有利于风在建筑之间流通，从而加速内部气流运动频率交换，对提高场地的风环境条件具有明显的作用。

附 录

1. 五个街区实测空气温度数据汇总表

温度

记录时间	西井			永乐西		中关村		金鱼池			世纪城	
	平行型	穿插型	建筑围合型	平行型	建筑围合型	绿地围合型	建筑围合型	建筑围合型	平行型	穿插型	平行型	散布
9：00	28.5	28.7	28.4	27.1	28.2	27.7	29.0	28.9	29.5	30.4	29.1	31.3
9：10	28.4	28.5	28.2	27.8	28.2	28.2	29.7	29.1	29.8	30.6	30.4	31.8
9：20	28.5	28.8	28.2	27.9	28.8	28.5	31.1	29.2	30.2	31.3	31.3	31.8
9：30	28.5	29.2	28.4	28.3	29.3	28.5	32.5	30.2	30.6	31.4	30.7	31.8
9：40	28.8	29.3	28.5	28.4	29.2	29.0	32.7	30.5	31.0	31.7	31.5	32.3
9：50	29.1	29.8	29.4	28.1	29.3	29.3	32.9	31.0	31.3	31.9	31.1	33.2
10：00	29.4	30.1	30.1	28.3	29.2	29.8	32.9	31.5	32.0	32.2	31.1	31.5
10：10	29.6	30.7	29.4	28.3	29.4	30.1	33.6	31.8	32.3	32.5	31.3	32.9
10：20	30.1	30.6	30.2	28.7	30.2	30.4	33.2	32.0	32.2	32.4	31.1	32.3
10：30	30.6	31.1	30.5	28.5	30.5	30.5	34.5	31.4	32.6	32.5	31.4	33.8
10：40	30.6	31.3	30.8	28.4	30.5	30.8	34.1	31.7	32.9	33.0	31.7	32.9
10：50	30.6	31.3	30.8	29.0	30.1	31.3	34.8	32.9	33.0	33.3	31.1	32.5
11：00	30.7	31.4	31.0	28.8	30.4	31.4	35.4	33.3	33.2	33.3	31.9	33.0
11：10	30.8	31.0	30.7	29.0	30.7	31.4	35.8	33.4	32.7	33.0	32.9	33.2
11：20	30.7	31.4	30.8	28.7	30.8	31.7	36.0	33.4	33.4	33.4	33.0	34.1
11：30	30.8	31.4	31.0	29.2	31.0	32.0	35.7	33.4	33.3	33.6	33.0	34.2
11：40	30.7	31.8	31.4	29.7	31.4	32.2	35.4	33.4	33.6	33.7	33.0	33.3

续表

温度

记录时间	西井 平行型	西井 穿插型	西井 建筑围合型	永乐西 平行型	永乐西 建筑围合型	中关村 绿地围合型	中关村 建筑围合型	金鱼池 建筑围合型	金鱼池 平行型	金鱼池 穿插型	世纪城 平行型	世纪城 散布
11:50	31.1	32.2	31.8	29.9	31.4	32.5	35.7	33.7	33.6	33.6	33.0	34.2
12:00	31.4	32.1	31.9	29.4	30.8	32.6	36.4	33.7	33.4	33.8	33.4	31.6
12:10	31.4	31.5	31.3	29.3	30.7	32.9	37.0	33.4	34.4	34.0	32.7	34.4
12:20	31.1	31.8	30.8	29.2	30.7	33.3	36.3	32.6	33.8	33.8	32.6	34.2
12:30	31.4	31.9	31.5	29.3	30.6	33.3	37.0	32.7	34.0	34.2	32.2	33.6
12:50	31.6	31.9	31.7	30.1	31.3	33.0	37.4	34.0	34.7	34.0	33.0	34.2
13:00	31.7	32.3	31.5	30.1	31.4	33.4	37.5	33.7	34.2	34.0	33.6	34.0
13:10	31.8	32.3	32.0	29.9	31.7	33.6	37.5	33.0	33.7	33.6	33.9	34.1
13:20	31.9	32.0	32.3	30.1	31.7	33.6	37.8	32.8	33.4	33.3	34.0	35.5
13:30	32.0	32.5	32.0	29.4	30.0	33.8	37.2	32.3	34.4	34.0	33.8	35.0
13:40	32.3	32.5	32.5	29.2	30.5	33.7	38.1	32.7	34.6	34.7	33.6	35.0
13:50	32.3	32.7	32.7	29.3	30.5	33.8	39.1	32.7	34.5	34.1	33.6	34.7
14:00	32.5	32.9	32.7	29.2	30.6	34.0	37.0	32.7	34.8	34.5	33.6	34.2
14:10	32.5	32.9	32.9	29.2	30.4	33.8	36.4	33.2	34.8	34.4	33.6	34.3
14:20	32.6	32.7	33.4	29.2	30.6	33.7	36.3	33.5	35.5	34.7	33.6	33.8
14:30	32.3	32.7	33.0	29.4	31.3	33.7	36.9	33.6	35.0	34.5	33.8	34.4
14:40	32.9	32.9	34.0	29.6	31.7	33.3	36.3	33.3	36.0	34.5	34.7	34.7
14:50	32.7	32.7	33.2	29.4	31.7	33.2	36.7	34.1	35.1	34.4	35.1	34.7
15:00	32.9	32.9	34.1	29.4	31.7	33.4	37.2	33.6	35.2	34.5	35.2	34.7
15:10	32.7	32.8	33.7	29.8	31.9	33.3	36.9	33.4	35.7	34.4	35.5	34.2

续表

温度

记录时间	西井			永乐西		中关村		金鱼池			世纪城	
	平行型	穿插型	建筑围合型	平行型	建筑围合型	绿地围合型	建筑围合型	建筑围合型	平行型	穿插型	平行型	散布
15：20	32.9	32.9	33.8	29.4	31.8	33.2	36.4	33.7	35.2	34.2	34.8	34.2
15：30	32.9	32.9	33.3	29.4	31.8	33.3	36.6	34.1	34.2	33.3	34.7	34.4
15：40	33.0	32.8	33.1	30.1	32.3	33.4	35.8	33.2	34.0	33.3	36.4	34.7
15：50	32.7	33.0	32.8	29.8	31.8	33.3	35.7	32.6	33.8	33.4	36.3	34.5
16：00	32.8	32.7	32.3	29.6	31.8	33.3	36.6	32.2	33.8	33.6	35.4	34.7
16：10	33.3	32.9	32.2	29.7	31.5	33.3	36.1	31.9	34.0	33.6	35.2	34.3
16：20	33.3	32.9	32.0	29.7	31.3	33.4	37.0	31.8	33.7	33.6	35.8	34.0
16：30	33.8	32.9	32.2	29.6	31.1	33.4	37.5	31.7	33.8	33.7	36.1	34.1
16：40	33.8	32.9	32.2	29.6	31.7	33.3	37.0	31.8	33.7	33.3	36.4	34.1
16：50	34.1	32.6	32.2	29.8	31.7	33.3	36.7	31.5	34.1	33.0	36.3	34.0
17：00	33.8	32.7	32.0	29.6	31.3	33.3	36.0	31.5	33.8	32.8	36.1	34.1

2. 五个街区实测相对湿度数据汇总表

相对湿度

记录时间	西井			永乐西		中关村		金鱼池			世纪城	
	平行型	穿插型	建筑围合型	平行型	建筑围合型	绿地围合型	建筑围合型	建筑围合型	平行型	穿插型	平行型	散布
9：00	63.6	61.1	61.8	79.6	77.0	68.8	68.8	58.1	55.1	56.5	59.2	53.6
9：10	63.8	62.3	61.8	73.5	76.7	66.7	68.7	58.7	56.3	52.0	56.3	50.3
9：20	64.8	61.3	62.9	72.3	74.2	66.0	62.8	59.0	57.0	51.0	53.6	47.5

续表

相对湿度

记录时间	西井 平行型	西井 穿插型	西井 建筑围合型	永乐西 平行型	永乐西 建筑围合型	中关村 绿地围合型	中关村 建筑围合型	金鱼池 建筑围合型	金鱼池 平行型	金鱼池 穿插型	世纪城 平行型	世纪城 散布
9:30	63.5	61.6	61.4	70.8	72.1	64.9	59.5	53.3	53.1	47.9	50.1	48.3
9:40	63.2	59.9	60.8	70.9	71.7	64.8	55.6	50.0	50.1	47.5	49.3	51.4
9:50	62.8	60.4	60.4	71.6	72.2	61.5	52.3	48.2	47.9	45.9	52.3	47.5
10:00	61.9	58.7	56.6	71.0	72.5	61.3	53.0	47.6	50.0	44.1	52.3	49.7
10:10	61.6	57.6	55.6	71.8	71.4	61.8	53.0	45.4	47.5	42.5	49.6	47.6
10:20	61.3	55.6	57.4	70.9	70.7	60.9	50.6	43.7	46.3	43.7	49.6	48.0
10:30	59.6	53.9	53.5	70.1	69.5	61.3	48.8	42.4	50.0	45.4	48.7	47.1
10:40	59.9	53.9	53.6	70.8	69.3	61.0	49.2	45.2	45.2	44.3	48.3	44.9
10:50	58.0	53.3	53.0	70.5	69.3	58.3	47.6	44.6	46.7	44.1	48.0	47.4
11:00	58.3	54.9	52.6	69.4	69.6	58.6	47.7	43.3	45.0	42.3	47.7	46.3
11:10	58.3	54.3	52.7	69.1	67.8	56.7	47.3	41.6	45.6	42.8	48.0	46.6
11:20	57.8	53.0	52.3	69.7	68.0	57.4	46.4	42.6	46.9	44.9	43.7	47.1
11:30	56.9	52.3	51.0	68.3	68.1	56.9	47.6	44.1	48.0	42.8	46.2	41.8
11:40	56.3	53.6	51.8	67.1	66.4	55.7	46.3	42.2	44.6	41.6	47.1	44.3
11:50	56.9	52.6	51.3	65.1	64.2	54.7	45.0	41.6	46.9	43.3	47.6	44.6
12:00	55.3	50.9	49.8	66.7	66.1	56.1	45.9	43.8	45.9	44.2	45.4	43.2
12:10	54.6	51.6	50.1	66.7	66.7	55.3	44.3	43.8	44.5	44.3	47.5	44.4
12:20	55.0	52.5	51.8	68.9	63.8	56.3	43.5	42.2	44.9	43.2	47.1	45.4
12:30	54.6	53.1	50.9	66.8	66.5	53.9	45.0	45.4	46.8	42.2	46.8	46.2
12:40	54.0	50.3	49.7	68.4	68.7	54.3	43.3	41.5	47.5	43.5	47.3	50.3

续表

相对湿度

记录时间	西井 平行型	西井 穿插型	西井 建筑围合型	永乐西 平行型	永乐西 建筑围合型	中关村 绿地围合型	中关村 建筑围合型	金鱼池 建筑围合型	金鱼池 平行型	金鱼池 穿插型	世纪城 平行型	世纪城 散布
12:50	54.4	51.4	49.7	68.7	66.7	52.7	42.4	45.0	41.9	42.0	49.0	47.1
13:00	53.5	50.6	49.2	66.3	66.0	51.0	41.1	39.6	43.0	41.9	46.0	47.5
13:10	54.0	49.6	46.7	66.2	66.7	51.1	40.4	45.6	47.9	43.9	46.6	45.6
13:20	53.6	49.5	46.5	67.7	66.2	50.5	41.0	45.4	47.1	45.8	44.5	43.7
13:30	52.3	48.4	48.3	69.0	68.3	51.0	43.2	47.3	46.9	44.6	43.9	42.4
13:40	52.2	50.5	45.7	70.5	69.5	55.6	43.5	46.9	46.6	43.5	44.6	43.7
13:50	53.6	48.4	45.2	70.3	70.2	56.6	43.7	46.6	46.0	43.2	48.0	46.3
14:00	51.3	50.2	44.6	70.3	70.9	58.7	47.6	46.6	46.3	42.3	46.0	48.0
14:10	52.6	48.3	43.3	70.5	70.7	60.0	52.1	46.3	44.8	44.6	47.1	47.1
14:20	50.1	47.1	44.1	70.3	70.4	60.4	52.6	44.6	44.6	42.8	47.2	47.6
14:30	50.3	47.5	43.3	70.1	69.8	60.2	50.6	44.1	43.0	44.6	46.2	47.8
14:40	50.2	46.7	42.6	70.1	67.3	57.9	50.6	44.3	42.8	45.0	43.3	47.0
14:50	49.6	49.2	43.7	69.8	66.9	58.0	49.6	43.5	44.9	45.2	41.5	45.9
15:00	50.3	46.3	43.2	70.4	67.3	54.0	43.0	43.7	45.4	45.4	42.0	46.2
15:10	48.8	45.3	40.7	69.2	67.1	55.8	44.3	43.6	43.9	45.0	42.2	45.5
15:20	48.6	46.3	41.3	69.0	66.5	57.4	48.9	44.3	42.0	44.5	41.1	45.6
15:30	47.5	47.9	42.0	69.6	67.5	60.7	50.3	42.6	46.4	47.3	40.7	46.9
15:40	48.8	46.4	44.8	69.8	67.0	60.4	51.8	46.0	47.3	47.4	39.9	48.3
15:50	48.6	45.8	46.0	70.3	67.1	56.9	49.4	47.5	46.6	45.4	33.8	41.3
16:00	49.2	46.9	45.4	70.2	67.6	57.8	51.0	46.2	46.0	45.4	36.4	41.9

续表

相对湿度

记录时间	西井			永乐西		中关村		金鱼池			世纪城	
	平行型	穿插型	建筑围合型	平行型	建筑围合型	绿地围合型	建筑围合型	建筑围合型	平行型	穿插型	平行型	散布
16:10	48.6	46.6	47.1	70.2	67.9	58.6	50.9	48.0	46.7	45.3	38.7	42.4
16:20	45.8	46.6	46.6	70.4	69.0	56.6	50.0	47.9	46.6	45.1	34.1	40.3
16:30	44.5	47.4	45.6	70.0	69.5	57.6	48.4	48.0	48.0	45.2	31.6	39.8
16:40	44.3	47.3	46.6	69.6	68.5	58.7	49.2	49.2	46.7	47.9	31.6	37.9
16:50	44.9	47.8	47.5	69.4	68.7	60.4	50.3	50.6	45.3	46.6	32.3	36.2
17:00	43.7	47.2	48.8	69.2	68.3	61.8	54.6	47.6	46.3	46.6	33.0	40.0

3. 五个街区实测风速数据汇总表

风速

记录时间	西井			永乐西		中关村		金鱼池			世纪城	
	平行型	穿插型	建筑围合型	平行型	建筑围合型	绿地围合型	建筑围合型	平行型	建筑围合型	穿插型	平行型	散布
9:00	1.70	0.70	0.70	0.50	0.00	0.70	0.00	0.80	0.20	0.80	0.80	0.00
9:10	1.20	1.40	1.00	0.70	0.00	0.50	0.00	1.20	0.10	1.00	0.30	0.00
9:20	1.00	0.80	0.50	0.50	0.00	0.80	0.00	0.00	0.00	0.70	0.00	0.00
9:30	2.40	1.00	1.50	1.00	0.00	1.70	0.00	0.00	0.00	1.40	0.00	0.50
9:40	2.10	1.20	1.90	0.00	0.00	0.80	0.00	0.30	0.00	0.50	1.20	0.30
9:50	1.50	0.50	0.00	0.00	0.00	0.00	1.00	0.00	0.00	1.20	0.00	0.50
10:00	1.90	0.50	1.90	0.80	0.00	1.40	1.40	0.00	0.00	0.70	0.00	0.00
10:10	0.50	0.30	1.00	0.70	0.00	0.70	0.50	0.00	0.00	0.80	0.80	0.70
10:20	1.70	1.00	0.70	0.30	0.30	0.80	1.20	0.50	0.00	2.10	0.00	0.00

续表

风速

记录时间	西井			永乐西		中关村		金鱼池			世纪城	
	平行型	穿插型	建筑围合型	平行型	建筑围合型	绿地围合型	建筑围合型	建筑围合型	平行型	穿插型	平行型	散布
10:30	0.50	0.80	1.20	0.70	0.00	0.50	0.70	0.70	0.00	0.80	0.30	0.00
10:40	0.80	1.00	1.20	0.70	0.00	0.00	0.00	0.70	0.70	1.40	0.70	0.50
10:50	1.40	1.00	1.00	0.50	0.00	0.80	0.50	0.30	0.30	1.20	0.70	1.90
11:00	1.20	1.20	0.80	0.70	0.50	1.40	0.50	0.00	0.50	1.50	0.50	0.00
11:10	1.40	1.00	0.80	1.50	0.00	0.70	0.00	0.00	0.50	1.70	0.70	0.70
11:20	1.20	0.70	1.40	0.30	0.00	1.00	0.00	0.00	0.30	1.00	1.70	0.00
11:30	1.20	1.00	0.80	0.80	1.00	0.80	1.00	0.30	0.30	1.40	0.50	1.00
11:40	1.40	1.50	1.40	1.20	0.70	0.70	1.00	0.00	0.70	0.80	0.50	1.00
11:50	1.40	1.00	0.00	0.80	0.50	1.70	0.50	0.00	0.70	2.10	0.70	0.30
12:00	1.20	0.80	0.80	1.20	0.70	0.70	0.50	0.70	0.50	1.70	0.70	0.50
12:10	1.20	1.00	1.40	1.20	0.00	0.00	0.00	0.30	0.80	1.20	0.80	0.00
12:20	1.40	0.50	1.20	1.00	0.00	0.30	1.20	0.80	1.00	2.20	0.50	0.00
12:30	2.20	0.50	0.80	0.80	0.00	0.00	0.50	0.30	0.50	1.40	0.70	0.30
12:40	1.40	1.00	1.50	0.00	0.00	0.30	1.00	1.50	0.00	0.80	1.00	0.30
12:50	0.50	1.00	0.50	0.00	0.00	1.00	1.00	0.00	0.50	0.70	0.30	0.00
13:00	1.00	1.00	0.80	1.70	0.80	1.00	0.50	1.00	0.50	1.80	0.50	0.70
13:10	1.40	0.30	0.80	1.50	0.00	0.30	1.40	0.00	0.50	0.70	0.50	0.00
13:20	0.80	0.50	1.90	1.20	0.50	0.80	0.70	0.00	0.30	1.00	0.30	0.00
13:30	1.00	0.00	0.50	0.70	0.00	0.80	1.40	0.30	0.30	1.20	1.00	0.50
13:40	0.00	0.70	1.50	1.20	0.50	1.20	0.00	0.30	0.70	2.10	0.70	0.30

续表

记录时间	西井			永乐西		中关村		金鱼池			世纪城	
	平行型	穿插型	建筑围合型	平行型	建筑围合型	绿地围合型	建筑围合型	建筑围合型	平行型	穿插型	平行型	散布
13:50	1.40	0.70	1.20	0.70	0.70	0.50	0.50	0.30	0.50	1.50	0.50	0.30
14:00	1.40	0.30	0.30	1.70	0.00	1.00	1.70	0.30	0.50	2.40	0.00	0.00
14:10	0.80	1.50	0.80	1.00	0.00	1.00	1.00	0.00	0.00	1.40	0.30	0.50
14:20	1.70	0.80	1.00	2.10	0.30	1.50	0.80	0.30	0.70	1.80	1.00	0.70
14:30	0.70	0.30	0.70	1.40	0.00	1.20	0.80	0.50	0.80	2.40	0.50	1.20
14:40	0.00	0.80	0.00	1.00	1.20	1.20	1.00	1.00	0.70	1.40	0.80	0.00
14:50	1.20	1.00	0.30	0.80	1.20	2.20	0.00	0.80	0.70	1.00	0.70	0.30
15:00	1.00	0.80	0.30	0.70	0.00	1.70	0.50	0.00	0.50	1.00	0.70	0.50
15:10	0.80	0.50	0.50	1.50	0.30	1.50	1.00	0.70	0.00	1.50	0.00	0.70
15:20	0.70	0.00	0.00	2.10	0.00	1.40	0.50	0.00	0.50	0.80	0.00	0.30
15:30	1.20	0.50	0.30	1.70	0.00	1.20	0.50	0.00	0.00	1.00	0.50	0.00
15:40	0.50	0.50	0.00	1.00	0.50	1.50	2.10	0.00	0.50	1.20	0.00	0.50
15:50	0.80	0.70	0.50	0.70	0.00	1.70	1.50	0.30	0.70	0.80	1.40	0.00
16:00	0.50	0.70	0.00	1.70	1.00	0.70	0.00	0.30	0.70	1.40	1.00	0.00
16:10	0.80	0.70	0.70	0.50	0.00	0.70	1.50	0.00	0.00	1.70	0.00	0.00
16:20	0.70	0.50	0.00	1.00	0.00	0.70	0.30	0.30	0.70	0.70	0.30	0.00
16:30	0.30	0.70	0.00	2.20	0.00	0.30	0.00	0.30	0.50	1.00	0.30	0.00
16:40	1.00	0.80	0.30	1.20	0.00	2.90	1.00	0.00	0.30	1.00	0.50	0.00
16:50	0.70	0.70	0.00	1.20	0.00	0.70	0.30	0.70	0.30	1.00	0.00	0.00
17:00	0.80	0.50	0.00	2.60	0.00	0.30	1.50	0.80	0.30	1.20	0.00	0.00

风速

4. 五个街区实测太阳辐射数据汇总表

记录时间	西井			永乐西		中关村		金鱼池			世纪城	
	平行型	穿插型	建筑围合型	平行型	建筑围合型	绿地围合型	建筑围合型	建筑围合型	平行型	穿插型	平行型	散布
9:00	146	302	363	356	210	227	483	285	340	469	578	637
9:10	205	317	346	256	227	383	591	285	345	420	567	665
9:20	207	613	288	368	263	234	615	285	376	425	564	685
9:30	230	516	624	292	221	215	644	339	322	398	564	710
9:40	222	693	398	256	211	265	661	274	395	482	564	742
9:50	248	608	657	249	209	220	678	350	478	414	581	777
10:00	289	582	419	268	229	220	733	283	496	668	351	422
10:10	232	626	479	293	313	215	761	386	471	665	640	882
10:20	563	392	667	331	573	215	738	398	370	407	596	400
10:30	240	681	643	262	286	214	766	289	466	473	644	859
10:40	248	668	633	272	252	214	754	458	548	773	699	890
10:50	242	612	580	309	247	221	749	517	544	745	344	359
11:00	137	609	521	276	271	215	789	513	318	521	677	884
11:10	206	617	350	276	252	216	800	262	440	845	665	877
11:20	110	619	207	286	258	231	545	269	581	828	502	876
11:30	203	626	203	320	499	223	789	400	491	557	647	885
11:40	280	550	203	355	446	221	800	249	612	840	284	847
11:50	145	636	273	302	202	225	805	248	489	840	658	859
12:00	123	658	235	257	240	218	796	212	581	819	602	869
12:10	175	261	249	241	150	214	773	266	268	820	471	544

续表

太阳辐射

记录时间	西井平行型	西井穿插型	西井建筑围合型	永乐西平行型	永乐西建筑围合型	中关村绿地围合型	中关村建筑围合型	金鱼池建筑围合型	金鱼池平行型	金鱼池穿插型	世纪城平行型	世纪城散布
12:20	451	283	241	271	272	209	802	221	589	766	376	432
12:30	201	258	297	294	278	215	773	230	277	782	461	445
12:40	133	291	647	333	410	205	766	227	291	626	377	374
12:50	203	455	653	302	256	204	761	235	339	775	686	855
13:00	132	622	634	389	313	150	789	252	392	414	620	861
13:10	122	203	622	342	295	211	756	263	365	414	686	847
13:20	104	211	619	280	212	212	530	296	564	491	636	794
13:30	119	194	627	209	149	150	761	263	376	514	577	328
13:40	94	146	612	254	232	188	274	261	567	653	359	319
13:50	47	205	609	232	207	212	573	240	549	599	342	265
14:00	38	118	595	274	214	203	615	254	524	651	502	281
14:10	87	114	588	238	252	194	322	225	510	460	410	287
14:20	87	112	571	260	284	141	300	229	492	574	641	255
14:30	87	112	571	309	395	130	297	474	487	549	626	232
14:40	84	110	557	279	275	119	481	219	478	487	609	297
14:50	84	108	541	280	233	110	273	430	482	274	557	203
15:00	83	105	534	289	252	98	612	450	474	275	571	142
15:10	83	105	530	291	287	98	571	399	474	282	513	146
15:20	81	105	361	240	228	101	366	419	256	256	550	169
15:30	83	104	139	293	285	227	519	118	255	252	530	136

续表

太阳辐射

记录时间	西井			永乐西		中关村		金鱼池			世纪城	
	平行型	穿插型	建筑围合型	平行型	建筑围合型	绿地围合型	建筑围合型	建筑围合型	平行型	穿插型	平行型	散布
15:40	82	119	203	306	259	142	516	128	300	306	513	130
15:50	81	101	96	295	275	211	482	150	355	315	496	188
16:00	81	98	88	262	223	107	446	137	346	228	232	87
16:10	124	96	87	255	205	150	241	130	336	330	395	105
16:20	231	96	77	205	114	150	283	122	339	353	422	101
16:30	77	90	70	246	217	112	362	126	315	331	395	88
16:40	353	94	61	295	239	128	333	117	294	221	383	84
16:50	335	93	54	262	128	141	309	100	280	204	365	83
17:00	307	194	47	215	145	105	215	84	271	182	348	81

参考文献

[1] 埃维特·埃雷尔，戴维·珀尔穆特，特里·威廉森. 城市小气候：建筑之间的空间设计[M]. 北京：中国建筑工业出版社，2014.

[2] 任超，吴恩融. 城市环境气候图：可持续城市规划辅助信息系统工具[M]. 北京：中国建筑工业出版社，2012.

[3] 胡彩梅. 特大城市人口的国际比较[J]. 开放导报，2015，03：26-30.

[4] 刘奕彤. 北京地区屋顶花园设计研究[D]. 东北林业大学，2010.

[5] 苏泳娴，黄光庆，陈修治等. 城市绿地的生态环境效应研究进展[J]. 生态学报，2011，31（23）：7287-7300.

[6] 李书严，陈洪滨，李伟. 城市化对北京地区气候的影响[J]. 高原气象，2008，27（5）：1102-1110.

[7] 刘术国. 大连典型城市街谷热环境与形态设计[D]. 大连理工大学，2014.

[8] 肖亮. 城市街区尺度研究[D]. 同济大学，2006.

[9] 绿水青山就是金山银山[J]. 浙江林业，2015，03：8.

[10] 秦文翠. 街区尺度上的城市微气候数值模拟研究[D]. 西南大学，2015.

[11] 罗志强. 基于生态规划的新城绿地系统结构研究[D]. 华中农业大学，2006.

[12] 王乐春. 城市居住街区模式研究[D]. 湖南大学，2010.

[13] 宋培豪. 两种绿地布局方式的微气候特征及其模拟[D]. 河南农业大学，2013.

[14] 刘立军. 城市绿地改善小气候的功能和程度研究[J]. 科技资讯，2009，29：129.

[15] 李文娟. 城市绿化的小气候效应观测[J]. 山东林业科技，2006，04：3-6.

[16] 曾煜朗. 步行街道微气候舒适度与使用状况研究[D]. 西南交通大学，2014.

[17] 扬·盖尔. 人性化的城市[M]. 北京：中国建筑工业出版社，2010.

[18] Oke T R. The distinction between canopy and boundary-layer urban heat islands[J]. Atmosphere，1976，14（4）：268-277.

[19] Li Feng，Wang Rusong，Paulussen J，et al．Comprehensive Concept Planning of Urban Greening Based on Ecological Principles：A Case Study in Beijing，China[J]．Landscape and Urban Planning，2005，72：325-336．

[20] 宋志忠．介休市绿地格局分析与规划策略研究[D]．山西师范大学，2015．

[21] 张惠远，饶胜，迟妍妍等．城市景观格局的大气环境效应研究进展[J]．地球科学进展，2006，（21）10：1025-1031．

[22] Jonsson P．Vegetation as an Urban Climate Control in the Subtropical City of Gaborone，Botswana[J]．Internation Journal of Climatology，2004，24（10）：1307-1322．

[23] 苏伟忠，王发曾，杨英宝．城市开放空间的空间结构与功能分析[J]．地域研究与开发，2004，05：24-27．

[24] Tom.Turmer.Open Space Planning in London[J]．Town Planning，1994（3）．73-84．

[25] 邵大伟．城市开放空间格局的演变、机制及优化研究[D]．南京师范大学，2011．

[26] 王振．夏热冬冷地区基于城市微气候的街区层峡气候适应性设计策略研究[D]．华中科技大学，2008．

[27] 王红卫．城市型居住街区空间布局研究[D]．华南理工大学，2012．

[28] 乌日汗．基于RS和GIS的城市绿地景观动态及其规划研究[D]．南京林业大学，2008．

[29] 车生泉，宋永昌．上海城市公园绿地景观格局分析[J]．上海交通大学学报（农业科学版），2002，04：322-327．

[30] 董卉卉．绿地景观格局优化及崇明实证研究[D]．华东师范大学，2010．

[31] 岳文泽，徐建华，徐丽华．基于RS和GIS的中国干旱区土地利用格局研究——以甘肃省武威市为例[J]．华东师范大学学报（自然科学版），2004，04：64-71．

[32] 钱乐祥，王倩．RS与GIS支持的城市绿被动态对城市环境可持续发展影响的探讨[J]．地域研究与开发，1995，04：14-16．

[33] 肖伟峰．基于RS和GIS的城市居住区夏季气温的主要影响因素研究[D]．华中农业大学，2009．

[34] 蔺银鼎，韩学孟．城市绿地空间结构对绿地生态场的影响[J]．生态学报，2006，26（10）．

[35] 袁敬泽．城市绿地景观格局分析[D]．东北师范大学，2005．

[36] 刘艳红，郭晋平，魏清顺. 基于CFD 的城市绿地空间格局热环境效应分析[J]. 生态学报，2012，32（6），1951-1959.

[37] 蔺银鼎. 城市绿地生态效应研究[J]. 中国园林，2003，（11）：36-38

[38] 曹丹. 上海城区不同开放空间类型中的小气候特征及其对人体舒适度的调节作用[D]. 华东师范大学，2008.

[39] Wong N，Kardinal Jusuf S，Aung La Win A，et al. Environmental study of the impact of greenery in an institutional campus in the tropics[J]. Building and Environment，2007，42（8）：2949-2970.

[40] Lee SH，Lee KS，Jin WC，et al. Effect of an urban park on air temperature differences in a central business district area[J]. Landscape and Ecological Engineering，2009，5（2）：183-191.

[41] Chen Y，Wong NH. Thermal benefits of city parks[J]. Energy and buildings，2006，38（2）：105-120

[42] M.H.Halstead，Advances in Software Science[J]. Advances in Computers，18，1979：119-172.

[43] Nyuk Hien Wong，Ardeshir Mahdavi，Jayada Boon Yakiat，Khee Poh Lam，Detailed multi-zone air flow analysis in the early building design phase[J]. Building and Environment，38，2003（1）：1-10.

[44] MAYER，H.J.HOLST，P.DOSTAL，F.IMBERY，D.SCHINDLER，Human thermal comfort in summer within an urban street canyon in Central Enurope，Meteorol. Zeitschrift 17，in press. 2008.

[45] Dirk Schwede，Trevor Lee，Integrated Simulation of Physical Processes to Predict Occupants's Comfort Perception in and Energy Efficiency of Buildings & Integrated solar absorption and thermal storage systems for applications in low energy buildings，2002-2006.

[46] 村上周三. CFD与建筑环境设计[M]. 北京：中国建筑工业出版社，2007.

[47] N. H Wong，J.Song，A.D.Istiadji，A study of the effectiveness of mechanical ventilation systems of a hawker center in Singapore using CFD simulations[J]. Building and Environment，41，2006（6）：726-733.

[48] 金建伟. 街区尺度室外热环境三维数值模拟研究[D]. 浙江大学，2010.

[49] 王维兰. 自适应气候的长沙地区高层住宅自然通风设计研究[D]. 湖南大学，2014.

[50] 张伟. 居住小区绿地布局对微气候影响的模拟研究[D]. 南京大学，2015.

[51] 陈铖. 天津大学校园夏季室外热环境研究[D]. 天津大学, 2014.

[52] 潘垚辰. 试析城市景观在城市发展中的应用——以城市绿道景观为例[J]. 城市建设理论研究: 电子版, 2015 (1).

[53] 袁雪雯. 城市街区活力的营造[J]. 苏州工艺美术职业技术学院学报, 2011, 04: 25-28.

[54] 郝鑫. 城市化进程中的交通生成与分布预测模型及实证研究[D]. 首都经济贸易大学, 2013.

[55] 王引, 陈玢. 北京城市发展与"摊大饼"[J]. 北京规划建设, 2005 (1): 39-42.

[56] 刘代云. 论城市设计创作中街区尺度的塑造[J]. 建筑学报, 2007 (6): 1-3.

[57] GB50352—2005, 民用建筑设计通则[S]. 北京: 中华人民共和国建设部, 2005.

[58] 宋婧. 我国风力资源分布及风电规划研究[D]. 华北电力大学 (北京), 华北电力大学, 2013.

[59] 李志远. 新型自动捕风装置及其自然通风系统的理论与实验研究[D]. 北京工业大学, 2009.

[60] 安玉松, 于航, 王恬等. 上海地区老年人夏季室外活动热舒适度的调查研究[J]. 建筑热能通风空调, 2015, 34 (1): 23-26.

[61] Ali-Toudert, F, H Mayer. Numerical study on the effects of aspect ratio and orientation of an urban street canyon on outdoor thermal comfort in hot and dry climate[J]. Building and Environment, 2006. 41 (2): 94-108.

[62] Emmanuel, R, H Rosenlund, E Johansson. Urban shading—a design option for the tropics? A study in Colombo, Sri Lanka[J]. International Journal of Climatology, 2007, 27 (14): 1995-2004.

[63] Samaali, M, D Courault, M Bruse, et al. Analysis of a 3D boundary layer model at local scale: Validation on soybean surface radiative measurements[J]. Atmospheric research, 2007, 85 (2): 183-198.

[64] Bruse, M, H Fleer. Simulating surface-plant-air interactions inside rrban environments with a three dimensional numerical model[J]. Environmental Modelling & Software, 1998, 13 (3): 373-384.

[65] Bruse, M, C J Skinner. Rooftop greening and local climate: a case study in Melbourne. In International Conference on Urban Climatology & International

Congress of Biometeorology，Sydney：1999.

[66] Wong，N H，S K Jusuf. GIS-based greenery evaluation on campus master plan[J]. Landscape and urban planning，2008，84（2）：166-182.

[67] Skelhorn，C. A fine scale assessment of urban greenspace impacts on microclimate and building energy in Manchester，2014，University of Manchester.

[68] M.F.Shahidan，P.J.Jones，J.Gwilliam，E.Salleh An evaluation of outdoor and building environment cooling achieved through combination modification of trees with ground materials[J]. Build and Environment，58（2012），245-257.

[69] E.Ng，L.Chen，Y.Wang，C.Yuan A study on the cooling effects of greening in a high-density city：an experience from Hong Kong[J]. Building and Environment，47（2012），256-271.

[70] 史源，任超，吴恩融. 基于室外风环境与热舒适度的城市设计改进策略——以北京西单商业街为例机. 城市规划学刊，2012（5）：92-98.

[71] 陈卓伦. 绿化体系对湿热地区建筑组团室外热环境影响研究[D]，华南理工大学，2010.

[72] Rohinton Emmanuel，Hans Rosenlund，Erik Johansson，Urban shading——a design option for the tropics? A study in Colombo，Sri Lanka[J]. International Journal of Climatology，2007，27（14）：1995-2004.

[73] N. Gaitani，G. Mihalakakou，M. Santamouris，On the use of bioclimatic architecture principles in order to improve thermal comfort conditions in outdoor spaces[J]. Building and Environment，2007，42（1）：317-324.

[74] 郑有飞，余永江，谈建国等，气象参数对人体舒适度的影响研究[J]. 气象科技，2007，06：827-831.

[75] 周宇，穆海振. 微尺度气象模式在环境影响评价中应用初探[J]. 高原气象，2008，27（B12）：203-209.

[76] 陈睿智. 湿热地区旅游景区微气候舒适度研究[D]. 西南交通大学，2013.

[77] 马晓阳. 绿化对居住区室外热环境影响的数值模拟研究[D]. 哈尔滨工业大学，2014.

[78] 陈铖，种力文，张志利. ENVI-met软件对夏季室外热环境的模拟研究[A]. 中国城市科学研究会、中国绿色建筑与节能专业委员会、中国生态城市研究专业委员会. 第十一届国际绿色建筑与建筑节能大会暨新技术与产品博览会论文集——S15绿色校园[C]. 中国城市科学研究会、中国绿色建筑与

节能专业委员会、中国生态城市研究专业委员会，2015：5.

[79] 黄玉洁，杨红. 北京住区公共空间夏季热舒适度实测研究[J]. 中国名城，2012（5）：22-28.

[80] 王丹，曹红奋. 基于PMV控制目标的舒适性空调应用研究[J]. 洁净与空调技术，2011（1）：8-11.

[81] 李晓西，卢一沙. 适宜的城市街区尺度初探[J]. 山西建筑，2008，（09）：43-44.

[82] Chow，W，T，R L Pope，C A Martin，et al. Observing and modeling the nocturnal park cool island of and arid city：horizontal and vertical impacts[J]. Theoretical and Applied Climatology，2011，103（1-2）：197-211.

[83] 杨小山. 室外微气候对建筑空调能耗影响的模拟方法研究[D]. 华南理工大学，2012.

[84] 林荫，鲁小珍，张静，郭益力. 城市不同绿地结构夏季小气候特征研究[J]. 浙江林业科技，2013，（05）：25-30.

[85] 张国英. 基于3E系统协调发展的产业园区节能减排模式探讨[J]. 农业技术与装备，2016，（12）：45-51.

[86] 王昊. 吉林市滨水区微气候设计研究[D]. 哈尔滨工业大学，2010.

[87] Tom. Turmer. Open space planning in London[J]. Town planning，1994（3）：73-84.

[88] 胡勇，赵媛. 南京城市绿地景观格局之初步分析[J]. 中国园林，2014，（11）：37-39.

[89] 饶峻荃. 广州地区街区尺度热环境与舒适度评价[D]. 哈尔滨工业大学，2015.

[90] 王频，孟林庆. 多尺度城市气候研究综述[J]. 建筑科学，2013，（06）：107-114.

[91] 孙灵喜. 灌木热湿特性及数值计算模拟[D]. 中国矿业大学，2015.

[92] 麻连东. 基于微气候调节的哈尔滨多层住区建筑布局优化研究[D]. 哈尔滨工业大学，2015.

[93] GB50352—2005，民用建筑设计通则[S]. 北京：中华人民共和国建设部，2005.

[94] 北京地区一年风资源平均风速[EB/OL]. http://wenku.baidu.c.

[95] 秦文翠，胡聃，李元征，郭振. 基于ENVI-met的北京典型住宅区微气候数值模拟分析[J]. 气象与环境学报，2015，（03）：56-62.

后 记

　　本书围绕绿地格局优化对北京城市街区绿地格局的微气候进行了分析研究，从夏季微气候环境的角度考虑，对五个街区进行了实测，并运用ENVI-MET城市微气候模拟软件进行了验证分析。对三种典型的格局类型的微气候进行模拟，着重分析其温度、相对湿度、风速。通过对各种格局类型的模拟结果进行分析，结合横向、纵向的数据与模拟图像对比，最后结合模拟分析结果归纳出北京城市街区五种绿地格局的微气候环境特征，针对不同绿地格局提出优化策略。

　　（1）在同一时间处于不同绿地格局的各个测量点的温度变化有所差别，夏季建筑围合型绿地受到建筑的影响最大；平行绿地、绿化围合型绿地对温度的上升有减缓的作用；散布型绿地受到建筑阴影干扰最少，但温度上升的过程最快；穿插型绿地格局的降温程度优于平行型和绿化围合型。

　　（2）研究区域内的相对湿度分布与温度呈现负相关，太阳辐射、绿化量、通风对相对湿度影响较多，绿地相对集中的地方湿度高，铺装地面湿度低；夏季时绿化围合型绿地的相对湿度明显高于其他类型；建筑围合型受到建筑阴影、通风效果差的影响，不利于降温增湿；平行型绿地通风效果好，对于场地内的湿度稳定有影响；散布型、穿插型绿地由于绿地分散，不利于增湿。

　　（3）风速受到季节影响最小，风速在不同的测点有明显的差异，建筑所形成的峡谷效应地带使得平行型绿地的通风明显优于其他类型，且变化幅度小；建筑围合型绿地比较闭塞，容易受到旋风影响，风速的波动较大；穿插型绿地与平行型绿地相同，建筑的布局对于风向有一定的导向作用，通风良好的同时，会受到导向风的影响产生波动；散布型绿地中有绿化的地带风速要小于空旷的地带。风速和建筑排布关联性强，处于两建筑之间的地区形成了速度相对平稳的峡谷风，建筑两端有明显的风速增速提高，形成"风口"，而建筑布局松散或绿化程度一般的空间中风速明显变小。

　　（4）夏季风速低的情况下，应选择通风情况好的绿地类型。从夏季的温湿度环境要求来看，建筑围合型和混合散布型绿地格局的微气候环境水平较差。

这两种类型较差的原因主要是受到建筑围合的影响，空气流通受阻，内外空气的交换减少，造成内部温度较高、湿度低，而且受到建筑的干扰，建筑围合型绿地的通风效果最差。因此在选择绿地格局上应该避免选择这两种模式，以保证街区绿地的微气候环境良好。

（5）北京的春秋季节短暂，在营造微气候的同时，应该合理考虑季节的协调，尤其应该以夏季为主，夏季人们的户外活动明显更多，冬季受到雾霾天气的影响，人们则减少了户外活动。绿地与人的生活息息相关，因此在绿地格局的选择上，不仅需要在规划设计中综合考虑多个影响因素，还要结合已有的建筑布局对绿地格局内部进行优化，从而改善局部微气候。

本书对北京城市街区五种典型绿地格局的微气候进行了研究与分析，主要针对的是夏季，缺乏其他季节的微气候数据。今后研究需考虑季节变化对场地所造成的微气候变化差异，对街区绿地格局优化设计和营造舒适的夏季微气候环境具有一定的参考作用。本书为城市绿地微气候环境研究的第一阶段成果，仍有以下问题需要后续深入研究：

（1）本书虽然对北京城市街区的典型格局进行了集中模拟对比分析，但各个街区之间也存在地域性差异。今后可针对具体街区进行更加全面细致的分析，使北京城市街区绿地格局优化研究更加深入和透彻。

（2）在绿地量化指标方面，特别是绿化结构指标，除了尺度、面积、绿化量等绿地特征，对于其他造景手法未进行考虑，造景手法对微气候会有一定影响。

（3）模拟软件对于植物虽然可以进行品种选择，但植物的树枝、树冠等细节在模型中未能表现，因此造成对实际微气候中树叶表面与大气环境的相互作用结果模拟的不准确。

（4）本书在气象数据测量时，使用的是YIGOOD YGBX-1便携式自动气象站进行测量记录，该仪器可以记录测量温度、相对湿度、风速、风向、太阳辐射、大气压强等值。在测量前对仪器进行了校准，每十分钟自动记录一次，会根据环境的情况而自行变化。而模拟软件只能设定10米处初始风速，环境中因为受到其他因素变化的情况不能随机应变，因此会使模拟结果和实测结果产生差异，但差异在误差范围内即可算作有效。

（5）对北京现有的绿地调研数量有限，在研究五种街区绿地类型进行实测的时候，受到一些政策、政治因素的影响，未能将西单、三里屯这种典型的街区纳入实测范围；另外在对各气候因素进行比较时，考虑了控制变量，但未能考虑各因素影响微气候相关性的多少。在今后的研究中可针对各个因素对其影响的相关性进行计算评估。

　　本书作为城市绿地微气候环境研究的初级阶段研究成果，旨在抛砖引玉，为京津冀地区城市环境建设提供些许建议与参考。本书研究成果为北方工业大学RL ncut研究站所有，感谢研究站成员杨鑫、张琦、段佳佳、吴思琦、郦晓桐、黄玥怡、耿超、贺爽、卢薪升、姚彤、王紫媛、王玮、毕嘉思对本书出版所做的努力与贡献。本书得到北京市人才强教计划——建筑设计教学体系深化研究项目资助、国家自然科学基金（编号：51508004）、北京市教委"科技创新服务能力建设—科研水平提高定额—建筑营造体系研究所（科研类）PXM2017_014212_000005"项目的资助、住房和城乡建设部科学技术计划北京建筑大学北京未来城市设计高精尖创新中心开放课题的资助。